专注

是人生最好的选择

[美]达蒙·扎哈拉迪斯◎著
叶晓松◎译

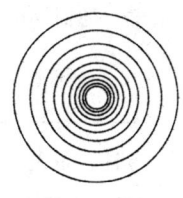

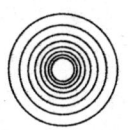

天津出版传媒集团
天津科学技术出版社

著作权合同登记号：图字 02-2021-094

Translated and published by Beijing Standway with permission from Art of Productivity/DZ Publications. This translated work is based on Fast Focus: A Quick-Start Guide to Mastering Your Attention, Ignoring Distractions, and Getting More Done in Less Time by Damon Zahariades © 2017 Art of Productivity/DZ Publications. All Rights Reserved. Art of Productivity/DZ Publications is not affiliated with Beijing Standway or responsible for the quality of this translated work. Translation arrangement managed by RussoRights, LLC and CA-Link International on behalf of Art of Productivity/DZ Publications.

图书在版编目（CIP）数据

专注，是人生最好的选择 /（美）达蒙·扎哈拉迪斯著；叶晓松译 . -- 天津：天津科学技术出版社，2022.1

书名原文：Fast Focus

ISBN 978-7-5576-9758-7

Ⅰ.①专… Ⅱ.①达… ②叶… Ⅲ.①注意－能力培养－通俗读物 Ⅳ.① B842.3-49

中国版本图书馆 CIP 数据核字（2021）第 253487 号

专注，是人生最好的选择

ZHUANZHU SHI RENSHENG ZUIHAO DE XUANZE

责任编辑：布亚楠

出　　版：	天津出版传媒集团 天津科学技术出版社
地　　址：	天津市西康路 35 号
邮政编码：	300051
电　　话：	(022) 23332695
网　　址：	www.tjkjcbs.com.cn
发　　行：	新华书店经销
印　　刷：	天津旭丰源印刷有限公司

开本 880×1230　1/32　印张 6.5　字数 95 000
2022 年 1 月第 1 版第 1 次印刷
定价：48.00 元

"我们当中的很多人没能做成大事……不正是因为我们缺乏专注力吗?一种在恰当的时刻,专注于要做的事而不被其他事情干扰的艺术。"

——约翰·D. 洛克菲勒(John D. Rockefeller)

前言

电话、短信、电子邮件、脸书（Facebook）的更新、推特（Twitter）的推送、品趣志（Pinterest）的贴图、Instagram 的照片、新闻，还有各种八卦网站……越来越多的干扰因素在威胁着我们的注意力。难怪那么多人都在抱怨，他们没时间做事。

回想你平日里的一天，你的思维经常分散吗？你很难集中精力做手头的工作吗？是否最轻微的干扰也会吸引你的注意力？如果是这样，你正身处一个普遍的、影响着数百万人的问题：注意力不集中。

好消息是，这里有一套简单的解决方案。你所需要的，只是一套系统的方法，以培养并加强你集中注意力的能力。本书会以一种易于阅读、易于执行的形式为你提供这样一套方法。

如果你正在与下列问题做斗争，那么这本书就是为你而撰写的：

- 你似乎不能及时把事情做完。你时常误了截止期限，工作效率很低。
- 你倾向于拖延。你选择把重要的任务向后推迟，把有限的时间花费在回复短信、浏览脸书和阅读新闻网站上。
- 你容易分心。仅仅是一条短信或一封电子邮件，就能将你的注意力从正在做的事情上转移开，并在这个过程中彻底丧失做事的动力。
- 你容易做白日梦。当你应该处理眼前的任务时，你却发现自己凝视着虚空，沉浸在一个或多个幻想中。

你能将自己与上述问题对号入座吗？如果能，别担心，你并不是一个人。这些问题影响着数以百万计的人，其中包括成绩顶尖的学生、高效的管理者，甚至还有著名的首席执行官们。

注意力高度集中的人与专注做事不超过几分钟的人之间，到底有什么区别？在其他人都被令人分心的事情支配时，那些注意力高度集中的人是如何控制住自己的注意力的？

　　要知道，专注是需要训练的。

　　很少有人生来就有集中注意力的能力。对于我们大多数人而言，这是一种后天习得的特质。这是个好消息，因为它意味着我们可以通过训练，让自己在必要的时候集中注意力。就像养成任何一种好习惯一样，只要不懈地坚持，直到它根深蒂固到成为一种自然反应就行了。

　　试想一下，如果你真正掌控了注意力，你的生活会发生怎样的改变？你将可以按时完成任务和项目；你将能够更好地全力以赴；你将会更清晰、更自信、更快地做出决定；当你和家人朋友在一起的时候，你将可以真正地享受当下。

　　而这只不过是冰山一角！

　　在生活的某个时刻里，你可能曾试图去提高自己的注意力水平。也许你已经尝试过（并且失败）很多次了。不要灰心，我们中的大多数人都想变得更有效率，而控制我们的注意力则是实现这个目标最可靠的途径之一。

但问题是，如果没有一个经过验证的系统方法来遵循的话，这样的尝试往往会以失败和受挫告终。对于我来说，确实是这样。我敢打赌，你也能从过往经验中体会到这一点。

值得注意的是，失败具有极大的价值。事实上，它是世界上最好的老师。我们从失败中学到的东西，比从其他任何结果中学到的都多。它们指明了我们哪里需要改进，并且给了我们改进的机会。

不要害怕失败，拥抱它吧！如果你曾试图提高自己的注意力，然而却遭遇了失败，那么就请试着找出原因。然后，依据这些经验教训，有目的地前行。（这本"行动指南"将告诉你怎么做。）

此外，请铭记在心，我们集中注意力的能力是有限的。它是我们每天消耗的一种资源，它从我们醒来的那一刻开始就持续消耗，一直到我们上床睡觉为止。从这个角度来看，管理我们的注意力与开发它同样重要。我们将在本书的后续内容中，讨论更多关于注意力管理的内容。

要想提高你的注意力有很多方法。但正如你所猜想的那样，有一些方法会比其他的好。本书介绍了我见过的最简单、最有效的，也是我当下正在使用的计划。我之所以使用它，是因为它奏效。我有十足的把握，它对你也会有用。如果你能把书中的计划付诸实践，你将能学会如何掌控你的注意力。

从前的我，注意力并不集中。对我来说，每次集中注意力想保持它几分钟是很困难的。从电子邮件到新闻网站，再到社交媒体和电话，我不断地向干扰屈服。结果就是，我很难把事情做好。

当我开始使用这本书传授的技巧和策略时，我的生活发生了改变。我掌握了控制自己注意力的能力，专注于任务而不受干扰。现在，只要有需要，我随时都能进入一种专注的状态。

这个能力，真正改变了我的生活。我写过一些书，维护过无数网站，写过定期博客，还运营过内容营销业务……事务繁忙，但我却不会慌乱。而当我和朋友或爱人在一起的时候，我也会更专注于当下而不会分心。

如果我没有践行本书中介绍的方法，那么这一切便没有实现的可能。构成这个系统的策略，很多都非常简单，也有一些很直观，能有助于我集中注意力。我敢肯定，你会发现它们都是无价之宝——在工作中，在家里，甚至在你参与的每一个活动中。

在下一节中，我们将讨论本书所涵盖的理念、技巧和策略。

在本书中你将学到什么

本书共分为三部分。每一部分都分别针对注意力管理的某个重要层面进行了探析。

本书所涵盖的内容，将以一种便于你日后复习的形式组织起来。从现在起的几周里，当你将这本书的内容全部读过一遍后，你会想要重温一下书中的精华部分，对其进行复习。我将这三部分以及其中的各小节都总结了出来，以便在你需要之时，简洁快速地查找所需内容的过程。你唯一需要做的，就是快速地浏览一下目录。

下面是关于本书中三个部分内容的快速总结。

第一部分

在讨论培养专注力的内容之前，我们需要通过一个框架来理解它们。第一部分将定义什么是真正的专注（这个定义可能会让你感到惊讶），并解释为什么保持它会很难。

我们还将探讨注意力管理中常见的障碍。当你了解自己即将面对的挑战时，它们就会变得没那么可怕，同时也更加容易被克服。在第一部分的最后，将介绍那些能够对你的生活起到提升作用的方法，这些方法中蕴含着真正的专注力——忽略内在与外在环境干扰并专注于任务的能力。

第二部分

你所处的环境会极大地影响你集中注意力的程度。第二部分将为你展示如何创设环境。这种环境不仅可以将干扰最小化，且能够将你置于一个更容易进行注意力管理的心境中。

第二部分将揭示那些你所需要解决的首要环境因素，并同时向你展示如何调整它们以适应自身需要。

第三部分

除了创造一个帮助你集中注意力的环境之外，还有许多保持专注的策略可供你选用。本书的第三部分就介绍了这些策略。

你将学到23种对抗干扰、控制注意力并完成任务的方法。这些策略大多数都具有普适性，它们适用于每一个人。当你需要集中精力的时候，你只需坚持不懈地去落实它们即可。

附加内容

如今，越来越多的人把工作带进像星巴克这样的咖啡店。你肯定见过这些人：他们的笔记本电脑打开着，手机放在触手可及的位置。如果你恰好是这些"商旅勇士"中的一员，你就会切身体验到无视干扰并坚持完成任务是多么困难的一项挑战。

在这个附加部分，我将为你提供一些可操作的小窍门，以便你在这些场所工作时能保持专注。你将学会如何忽略掉身边的一切，并在这个过程中提高工作效率。

正如你所见，本书将会涵盖非常多的内容。如果你读过我所写的其他书籍，你就会明白，我更看重的是能够付诸实践的建议，而不是理论。因此，你在本书中习得的窍门、策略和技巧都可以立即应用到工作和生活中。

运用了它们，你就会发现自己集中和管理注意力的能力有明显的提高，对此我十分有信心。无论你是学生、普通职员、企业高管、家庭主妇，还是少儿足球队的教练，全都可以从中受益。本书所述的方法，已被证明是行之有效的。它们适用于我，我相信，它们也将适用于你。

现在，让我们来谈谈如何获取本书的最大价值。

如何从本书中获得最大价值

正如我所说，你从本书中得到的建议是要拿来用的。这本书充满了实用的、可付诸行动的、为立即投入使用而设计的内容。我有充分的理由重申这一点。不作为，是你在培养敏锐注意力道路上所面临的最大挑战之一。

今天就开始读吧。不要只是把这本书放置在书架上，不要给自己立保证说等有时间的时候再读。从现在开始，开启掌控自身注意力的旅程。

本书的篇幅相对较短，这是精心设计过的。你不需要一本300页的书，或是一本会让你步履沉重，被心理学和神经科学压得喘不过气来的书。尽管这类话题也很有趣，但它们在帮助你集中注意力方面不会起到任何作用。

你也不需要一本充满各种激励和鼓舞的书。动机是稍纵即逝的，它今天在这里，明天就离开了。它在当下会很有用，但是保质期却很短。你需要一些持久的东西来代替它，用以鼓励你将在本书中发现的小窍门付诸实践。

简而言之，你需要一个行动迅速的向导，来为你提供一个循序渐进的、"提供入门指引"的蓝图来管理自己的注意力。你需要一个路线图,这张图不仅为你提供了培养并磨砺注意力所需的全部工具,还向你展示了使用它们的正确方法。

而你现在正拿着这张路线图。

为了获取本书的最大价值,还请致力将其中的策略和技巧付诸行动。不要只是读一读然后就把它们忘了。这些都是我运用过,并将继续使用的方法,借此我成功地战胜了干扰并专注于我的工作。写下这些文字的此刻,我正在运用着它们,请你也尝试一下。用日记详细地记录下,你的专注力发生了怎样的变化。

你与我是不同的人,记住这一点很重要。我们的工作环境不一样,几乎可以确信,我们有着不同的偏好。对我起作用的一些集中注意力的策略,对你而言可能没那么有效(或者更有效)。这就是为什么说尝试很重要——看看哪些策略会对你集中注意力和避免分心的能力产生最大影响。

因为,这是获取本书最大价值的秘诀:你必须找出一个适应你的需求、优势和劣势的个性化方法。

　　本书提供了构建该系统所需的全部工具。在此过程中，我将提出一些建议，以便让这个系统更加契合你的实际情况。

　　准备好卷起袖子，投入其中了吗？让我们开始吧！

目 录

第一部分
奠定基础

专注的定义 / 003

我们为什么会失去专注力 / 009

保持专注的十大障碍 / 014

提高注意力给你带来的 7 个积极影响 / 022

突击测验：你在集中注意力方面真的存在问题吗 / 028

第二部分
如何创造一个可以帮助你集中注意力的环境

光亮 / 035

背景噪声 / 038

舒适度 / 042

环境温度 / 046

空气质量 / 050

气味 / 053

他人在场 / 057

布置 / 060

杂乱 / 063

计时 / 067

可擦白板 / 071

第三部分
立即提高注意力的 23 个策略

策略 1：设置计时器 / 077

策略 2：将每天的任务数量限制在 5 件以内 / 080

策略 3：明确你的理由 / 083

策略 4：每次工作、学习开始前，都进行有氧运动 / 086

策略 5：快速记录想法 / 089

策略 6：找出致使你分心的诱因 / 093

策略 7：使用每日待办事项清单 / 098

策略 8：播放能辅助你进入流畅状态的音乐 / 103

策略 9：经常休息 / 108

策略 10：走一小段路 / 112

策略 11：坚持单任务处理模式 / 115

策略 12：批量处理相似的任务 / 119

策略 13：将你的一天分隔成几段 / 124

策略 14：断开网络连接 / 128

策略 15：限制开会的时间 / 131

策略 16：重置他人的期望 / 135

策略 17：关掉手机 / 139

策略 18：管理你的精力水平 / 142

策略 19：冥想 / 146

策略 20：避免使用电子邮件 / 149

策略 21：建立（并坚持）日常的惯例 / 153

策略 22：驯服你内心的完美主义者 / 158

策略 23：减少咖啡因的摄入量 / 162

第四部分

附加内容：在咖啡厅里工作时，该如何集中注意力

面向墙 / 169

别管进进出出的顾客 / 171

戴上头戴式耳机（或入耳式耳机）/ 174

循环播放纯音乐 / 177

告诉他人，让他们不要打断你 / 180

关于本书的最后思考 / 183

第一部分

奠定基础

在我们能够明智地讨论培养专注度和管理注意力之前，我们需要先解决几个基本问题。

在第一部分中，我们将对聚焦和注意力进行定义（请准备好大吃一惊），并讨论为什么两者都很难掌控。我们还将讨论保持专注时最常见的障碍。一旦你知道自己即将面临怎样的挑战，你就能在克服它们之前准备得更好。

了解为什么想要掌控自己的注意力，同样很重要。这些原因对于你来说似乎显而易见。但问题是，这可能会阻碍你真正地审视它们。如果你忽视了探究自己的"为什么"，你就有可能永远不会意识到，拥有剃刀般敏锐的注意力所带来的巨大好处。

第一部分从一开始就解决了这个问题。让我们来看看，掌控注意力对你的生活有哪些积极影响。

专注的定义

人们倾向于认为,专注就是拥有狭窄的视角。他们相信这是一种忽视周遭一切,专注于眼前任务的能力。

然而,专注和注意力管理要比这复杂得多。事实上,我们每天都在管理不同类型的注意力。它们决定了我们关注和不关注什么,以及忽略和不忽略什么。它们有着不同的用途,也会给我们带来不同的挑战。

是不是感到困惑?请放心,到本节结束时,一切都会变得清晰。下面就让我们从讨论自发和非自发注意力开始吧。

自发注意力与非自发注意力

这是注意力的两种主要类型。自发注意力指的是你有意识地专注于某件事。例如，假设你的家人正在看电视，而你在同一间房里读书。你可能很难将注意力集中到书的内容上。为了专心读书，你必须有意识地屏蔽周围的噪声。

这是自发注意力，你掌控着它。究竟什么能够吸引你的注意力，是由你自己决定的。

自发注意力就如同肌肉。不幸的是，对我们大多数人来说，这种肌肉已经萎缩到了无用的地步。而好消息是，自发注意力可以通过练习得到增强。就像所有的肌肉一样，它们会随着锻炼而变得强壮。这意味着只要你愿意投入工作，你就能克服干扰。本书会带你完成这个过程。

非自发注意力是自发注意力的对立面，你无法掌控它。不管你有多专注，枪声总会抓住你的注意力。同样，即使你是在很专注的状态下工作，一声令人毛骨悚然的尖叫也会分散你的注意力。

当我们的安全受到威胁时，非自发注意力是极具价值的。想象一下，我们的祖先在寻找食物。他们很容易受到野生动物，以及具有侵略性的邻近部落成员的攻击。非自发注意力能够使他们保持警觉，在大部分时间里保证他们的安全。

我们现在很少会处于威胁到生命安全的境地中。我们生活在相对安全的环境里，过着无忧无虑的日子，不必担心自己受到攻击。

问题是，我们的非自发注意力，作为基因组成的一个重要部分，它仍旧存在。它持续运作着，使我们注意到周遭那些可能值得我们注意的变化。但是，与野生动物和部落成员之间的争斗相比，它发出的其他警报是微不足道的。

比如，你的手机发出了铃声或者震动声，立刻吸引了你的注意力，迫使你去查看其发出声响的原因。或者，你注意到自己收到了一封新邮件，于是立即查看是谁发送的。又或者，你注意到一个朋友更新了脸书，无法抗拒阅读它的诱惑。

这是你的非自发注意力在起作用。由于我们的生命没有处在持续的威胁之下（不管怎么说，我们中的大多数人是这样），它在今天的用处更小了。它仍在幕后辛勤工作，努力维持着自己的地位。不幸的是，它只会造成无穷无尽的干扰。

结论就是，自发注意力和非自发注意力有不同的机制。你可以掌控前者，但对后者几乎没有任何控制能力。注意，你可以通过练习控制自发注意力，来削弱非自发注意力所带来的影响。我们将在后文中对此进行进一步的探讨。

现在，让我们来定义广泛注意力和集中注意力之间的区别。

广泛注意力 vs 集中注意力

广泛注意力，可以让你从一个鸟瞰的角度来评估周围的环境。你用它看到的是森林，而不是树木。

假设你是战场上研究军事战略的一位将军。你需要利用广泛注意力来制订打击计划，设想补给线，预测大部队的行动，包括你的敌人的行动。

又或者，假设你是一名篮球队教练，正在制订一个比赛策略。你将会使用广泛注意力去预测己方球员可能会遇到的无数情况，并设计出适当的应对方法。

看待广泛注意力的最佳方式，就是认定它提供了一个宏大的图景。一旦掌握了自己的整体情况，你就可以集中注意力处理细节。

而集中注意力，则可以让你评估特定的情况，并根据你的资源和目标找出最合适的解决方法。

让我们再次假设，你是一位研究军事战略的将军。你可能面临的一个挑战，就是如何在兵力既定的情况下，在战场上占领某个特定的区域。你需要集中注意力来迎接这个挑战。

或者再假设，你是一名篮球队教练。比赛的第四节快结束了，只剩下十秒，此时你的球员领先两分。但问题是，对方球队有一个擅长投三分的球员。你需要集中注意力来创设一个有效的三分防守策略。

而关于广泛注意力和集中注意力的好消息是，它们都在你的掌控之中，不同于非自发注意力，你能够决定如何利用它们来使自己占优势。

请记住，广泛注意力和集中注意力中都存在着潜在的陷阱。例如，只关注大局（广泛关注力）会导致重要的细节被遗漏。专注于特定的情况（集中注意力）而忽略大局，会造成视角变得狭窄，削弱你的整体意识。

我承认，这部分内容相对较长。但是，在你学着培养并提高你的注意力时，充分理解不同类型的注意力以及它们是如何工作的，会非常有用。

在下一节中，我们将快速地浏览一下失去专注力最常见的原因。

我们为什么会失去专注力

有一种感觉你可能并不陌生:

你有很多的工作要做,但你却无法集中精力。你感到心烦意乱,你所听到的每一个声响,小到手机通知音大到外面的交通噪声,都会把你的注意力从手头的任务上移开。当最终完成工作时,你会有一种挥之不去的感受,那是由于你的注意力不集中,工作的质量受到了影响。

听起来是不是很熟悉?这就是我在学会掌控注意力前,一次又一次的经历。这让人非常沮丧,是我切身体会到的。

想要增强我们的专注度,首先就要明白我们为什么会失去它,这一点非常重要。通常可以归结为以下 5 种因素:

- 缺乏兴趣。
- 消极情绪。
- 组织力差。
- 精力水平低。
- 缺乏控制力。

让我们快速地逐一浏览一下。

缺乏兴趣

当你想集中精力做感兴趣的事情的时候，你会更加容易集中注意力。专注，需要你投入到当前的任务中，需要你感受到兴奋。当你对工作感兴趣时，你更有可能把注意力集中在工作上，忽略周围的干扰。

消极情绪

消极的情绪状态会侵蚀你集中精力的能力。如果你感到有压力、烦恼、孤独、沮丧或者充满敌意，你就会发现自己根本不可能集中注意力。这是人类的天性。你的大脑会被这些情绪占据，以至于几乎剩不下什么认知资源可以供你来掌控自己的注意力了。

组织力差

当你每天都能够遵循一贯的、熟悉的模式时，你将更容易去管理自己的注意力。有了良好的组织安排，你就可以更好地避免混乱。这能够帮助你专注于当下正在做的事情。

精力水平低

精力水平低是人们最常忽视的注意力抑制因素。长时间的专注力需要耗费大量的能量，这些能量来自健康的食物、充足的睡眠和有规律的运动。问题是，我们中的许多人都忽视了这些因素中的一个或多个。我们吃着不健康的食物，为了其他事情牺牲睡眠，并且不怎么花时间活动身体。

你的大脑，是培养注意力，掌控和保持专注的关键。

没有足够的能量，它就不能正常工作。

缺乏控制力

如何控制自己的时间，决定了你集中精力的程度。如果你允许别人随心所欲地打断你，你将永远无法达到一种流畅的状态（这种状态是不受干扰地工作所必需的），同时你还将永远体会不到完全沉浸在手头工作中的感觉。

如果你想要获得敏锐的注意力，就必须掌控你的时间。诚然，这并不总是可行的，有些干扰无法避免。但我们中的大多数人，都可以采取措施来改善缺乏控制力这件事。

走神总是不好的吗

当你失去专注度时，你的思想就会走神。但这一定是件坏事吗？

绝对不是。这其中的关键，是让它为你服务。

走神会让你的大脑变得有创造力。因此，它可以帮助你为难以解决的问题找到非传统的解决方案。

但这并不意味着，你要让自己的思维一有机会就漫游。那肯定会对你的表现和工作效率造成损失。

当你所处的环境要求你集中注意力的时候，请照做。这就是本书要训练你做的事情。但是，当你在洗澡、在健身房锻炼，或者是在散步的时候，你就可以让你的大脑自由地漫游了。它为你带来的结果，可能会让你感到惊讶。

你现在已经熟悉了造成注意力不集中的五大因素，在下一节中，我们将深入探讨保持专注时，我们所面临的十个最常见的障碍。

保持专注的十大障碍

管理注意力分为两个方面：聚焦于你正在做的事情，以及在分配给你的时间内保持专注。

为了保持专注，你必须意识到自己的心理状态。如果你很累、压力过大，或者十分激动，你就很难集中注意力。

事实上，有众多的因素会影响你集中注意力的能力。本节将介绍其中十个最大的挑战。

障碍1——精神疲劳

如果大脑疲惫不堪，你将会发现自己几乎不可能集中注意力。你很容易被一个接一个的干扰分去注意力，这将让你无法集中精力于当前的任务上。

精神疲劳可能有许多原因,而最常见的一个原因是睡眠不足。即便你适时地上床睡觉,也有可能会整夜辗转反侧。你的大脑需要为接下来的第二天做准备,然而这会将它所需的放松睡眠夺走。

障碍 2——坐立不安

坐立不安被定义为一种普遍的焦虑感。有些事会使你感到不自在,你的大脑接收到了"一切都不像它本该的那样"的信号,并将认知资源投入到调查和解决这个问题上。

然而问题是,我们通常很难找出自己感到不安的原因。因此,大脑转动着它的齿轮,试图解决一些它无法精准定位的问题。可以想象得到,这会对你管理注意力产生负面的影响。

障碍 3 ——压力

少量的压力,对我们来说是有好处的。它让我们保持警惕，甚至可以帮助我们磨炼自己的注意力。但是很多人正在遭受慢性压力之苦，他们（也许其中包括你）总是处于焦虑的状态中。

造成这种持续性压力的原因有很多。有些人对自己的一天缺乏控制时，会感受到压力。另一些人则会在事情的最后期限临近，且自己觉得没有准备好去面对它时感到有压力。还有一些人，在生活上经历了重大的事件，比如离婚或爱人去世……这些都会给他们带来压力。

压力会分散你的注意力。你所感受到的压力越多、时间越长，你就越不能集中注意力。

障碍4——干扰

你是否曾试图集中精力做某件事，却被一连串的干扰（同事、电话等）所妨碍？这是令人沮丧的。每次的打断不仅会摧毁你的动力，还会让你花上二十分钟才能回到正轨。

这就是为什么当人们一遍又一遍地打断你时，你很难集中注意力的原因。

障碍 5——缺乏清晰的思路

我们的大脑里,经常充斥着与我们眼前工作无关的琐碎想法,这些想法造成了我们精神上的混乱。

混乱使人很难集中注意力,因此混乱的思维是一种注意力不集中的思维。

障碍 6——未解决的问题

未解决的问题就像是一个漏水的水龙头,让你在夜里无法入眠。它就在那里,处于背景环境之中,呼唤人们关注它。它拒绝离开,这就导致你的大脑把注意力集中在它上面。

例如,假设你与爱人昨晚发生了一场激烈的争吵,然而争吵至今未被解决。又或者,假设一些行业表现不佳,你的基金投资需要据其进行调整。

当这些尚未解决的问题悬在我们头顶上,并纠缠着我们时,我们很难集中注意力。

障碍 7——计划不周

当你缺乏一个清晰、有条理的计划时,你很难专注于某一项任务或项目。你的大脑会即时行动,试图填补那些计划中的空白。但问题是,它不擅长这么做。

举个例子,回忆一下你最近一次没带清单去购物的经历。当你走过一条货架通道时,你的注意力无疑会被无数的商品所吸引,有些是出于好奇,有些是出于需要。如果你带着一份清单来,采购过程本该只花费十分钟,但现在这趟购物之旅所用的时间可能要比那长得多。

这就是你的大脑在没有计划的情况下工作的样子,它处在非聚焦状态。

障碍 8 ——杂物

请审视你的工作区。它是整洁的,还是凌乱的?它是受控制的,还是陷入混乱的?

工作环境中的杂物会削弱你的注意力。尽管许多人声称,他们能够在凌乱的环境中集中精力工作,但研究表明情况并非如此。2011年,《神经科学杂志》(*Journal of Neuroscience*) 发表了一篇研究杂乱影响注意力管理的报告。其作者指出:

"多种刺激同时出现在视野中,通过相互抑制对方在整个视觉皮层上所诱发的活动,来争夺神经表征,为视觉系统有限的处理能力提供了一种神经学解释。"

这是"凌乱的办公桌会妨碍你集中注意力"的一种花哨的说法。

障碍9——社交媒体

近期研究表明,社交媒体对我们集中注意力的能力并无长期影响。但从以往的许多研究来看,它肯定会产生消极的短期影响。发表在《计算机与人类行为》(*Computers in Human Behavior*) 期刊上的一项研究表明,学生们不看脸书、Instagram、推特或其他社交网站的时间可能维持不了几分钟。

难怪这么多学生为了完成学习任务而通宵达旦！

社交媒体会让人分心。如果你无法抗拒它们，你将会很难集中精力工作。

障碍10——手机

手机妨碍了我们的注意力，这并不奇怪，即便我们没有盯着手机，它还是不断地发出来电铃声、短信提示音和震动，通知我们收到了短信、语音、邮件和社交媒体更新。

在手机触手可及的范围内试图集中注意力，往往会失败，这是大多数人的经验之谈。当你听到手机发出铃声，或者感受到它震动时，很难不去把它拿过来。即使你设法忽略了这些通知，它们也会摧毁你的干劲，让你走神。

请注意，对于以上强调的十个障碍，我没有提出任何技巧性的解决方法，这背后是有原因的。如果你能够遵循本书提供的建议，你将会自如地应对这些挑战。

如果被诊断出有注意力缺陷呢？

如果你被诊断患有注意力缺陷多动症（Attention Deficit

Hyperactivity Disorder，ADHD），我强烈建议你去寻求医学专家的指导。这本行动指南无法提供医学相关的建议，也无法提供精神病学方面的建议。如果你患有注意力缺陷多动症，由你的医生推荐一些补偿策略，来帮助你集中注意力更为合适。这些策略可能包括冥想、行为疗法，甚至吃一些处方药。

现在，既然你已经意识到保持专注的最大障碍是什么，那么就让我们来看看，掌控注意力将如何给你的生活带来积极影响。

提高注意力给你带来的 7 个积极影响

专注的能力影响着我们生活的方方面面。有了这个能力，作家、艺术家和音乐家就可以更加热情、更加投入地创作出更多作品。教师和教授们开讲座、布置作业以及安排考试将会变得更加容易，这些都能够帮助他们的学生走向卓越。而父母们，则能够更轻松地为他们的孩子计划有趣、有创意且具有教育意义的活动。

实际上，由于我们长期缺乏专注力，无法集中注意力，导致我们所做的每件事，都未能达成令人鼓舞的结果。

我们不一定非要忍受这样的结果。你可以学会管理你的注意力。事实上，当你读完这本行动指南，你就有了可以帮助你在需要之时集中注意力的方法。

既然如此，那么就让我们来了解一下提升专注力能给我们带来哪些具体的影响。

第一，提高效率

专注力可以让你忽略干扰，集中在任务上。保持专注，就能够达到一种流畅的状态，你的注意力将会完全被你当前的任务所吸引。

在流畅的状态下工作，可以提高效率。你能够指挥自己的注意力，屏蔽那些干扰人的刺激——那些刺激会分散你的注意力、削弱你的动力。如此一来，你便能够在短时间内，完成更多的事。

第二，改善人际关系

如果忽视了对注意力的管理，我们的精力就会过于分散。其带来的后果就是，我们留给自己的时间、精力和注意力实在太少了，并且无法将这些再分享给我们自己所珍爱的人。

而当你学会了控制注意力,你就会发现自己和朋友、爱人在一起时,变得更加有活力。你与他们之间的纽带将更加坚固,你们将会更信任彼此、更亲密,并因此体会到一种极大的成就感。

第三,提高批判性思维

批判性思维不仅仅是一件你在大学里才会接触到的事,拥有了它,你将会终身受益。

例如,在读小说时,你可以沉浸到故事中去。在阅读非小说类的文本时,你会更好地吸收并应用那些你所不熟悉的概念。而当你需要做出决断,如解决孩子们之间的争吵时,你则能够做到公平公正。

专注是进行批判性思考的必要条件。掌握了专注力,你便可以提高批判性思考的能力。

第四,更强的毅力

专家称,智力并不是判断一个人成功与否的标杆。反之,衡量一个人能否克服生活中那些不可避免的挑战，最好的标准就是他的毅力（或者叫顺应力）。有了这些，他所做的每件事都更有可能成功。

毅力要求人有敏锐的专注度。它需要人们把注意力集中在自己所面临的挑战上，同时投入更多的认知资源和体力去赢得挑战。在面对你未来将会遇到的挑战时，学会引导自己的注意力，你就能变得更有毅力。

第五，更加果断

决断力是在不进行过度分析的情况下，做出决定的能力。但是，这并不意味着冲动。与之相反，它能够让你去评估自身所处的环境，考虑自己目前拥有的各种选择，然后自信满满地从中择一。

无论你是一名教师、军队领导、企业高管还是家庭主妇，行事果断都是一项至关重要的技能。重点在于，这是一项能够培养的技能。而其中的一个基本要素，就是对注意力的掌控。要想自信且毫不犹豫地做出正确的决定，我们就必须拥有专注于手头问题的能力。

第六，更好地去记住新信息

你是否有过这样的经历：很难记住新的细节性的信息，比如一个人的名字、一个不熟悉的概念，或是前往某个特定目的地的最佳路线？毋庸置疑，我们都曾经历过这样的情况。

有非常多的因素在影响着我们记忆信息的能力，其中包括我们的压力等级、每晚的睡眠量，以及精力水平。而精力水平则会进一步受到饮食、运动、身体疾病和其他因素的影响。

话虽如此，但对记忆新信息这件事最大影响的，还是你集中注意力的能力。它可以让你无视干扰，穿过思维的迷雾，专注于那些你想要记住的细节。

第七，增强自信

让我们来回想一下，上文中提到的六项成效。想象一下，你掌控了自己的注意力，并成功取得了上述成效。这将会给你的自信心带来何种影响？

你会觉得，自己可以完成所有之前下定决心要做的事情。请想象一下，你有着更高的效率、更紧密的人际关系、进行批判性思考的能力、更强的毅力、更好的决策力及更牢固的记忆力。那么，当你接手一项新的任务或者项目时，你将会感到更加自信！

现在，是时候突击测验一下了。在下一节中，让我们一起来看看，你的身上是否真正存在无法专注的问题，以及如果存在，问题的严重程度如何。

突击测验：你在集中注意力方面真的存在问题吗

可以非常肯定地说，我们中的大多数人都很难集中注意力。从手机应用到互联网，我们身边充斥着很多具有吸引力的刺激。对我们来说，长时间掌控注意力，是一项持续性的挑战。

话虽如此，我们中的某些人，还是会比其他人更加痛苦。这些人更容易分心，且更倾向于把重要的工作扔到一边，去回应那些来自短信、电子邮件和社交媒体的提醒。

最重要的是我们意识到，无论一个干扰看起来有多么无害，它都会使我们分心。每一个干扰都会打破我们的专注，摧毁我们的动力。它严重影响了我们的生产力,并极大地降低了我们工作的质量。

所以,让我们来一起看看,你有多难集中注意力。你将在下文中看到15句话。请根据你在生活中与这些状态的符合程度,来给自己打分。评分从1分到5分,1分表示完全符合,5分则表示完全不符合。

最后,我们将会对结果进行统计,以确定你在注意力集中方面的问题有多大。

1. 你在工作时会变得焦躁不安。
2. 你能同时处理多个任务或项目。
3. 你经常无法注意到重要的细节。
4. 你忘记给自己的一天做个计划。
5. 你很快就会感到无聊。
6. 你容易分心。
7. 开会的时候,你会走神。
8. 你不会设定每天的目标和方向。

9. 你总是心不在焉，容易忘记事情。

10. 你的工作空间堆满了杂物。

11. 当你工作时，不相干的想法会不断浮现。

12. 在谈话中，你很难集中注意力听别人在说什么。

13. 你的早晨、下午和晚上没有既定的规律可以遵循。

14. 你经常忘记把私人物品放在了哪里。

15. 你在开会和约会时总是迟到。

现在将你针对这15个情况的打分分数加起来。

如果你的累计得分在60~75分之间，那么你控制注意力的能力要比大多数人强。忽略干扰对于你来说，十分轻松。同样的，当你工作时，你也有能力达到一种流畅的状态。（假设你对目前的任务或者项目是感兴趣的）坦白地说，你可能不需要读完这本书。但是，我还是建议你读到最后，因为你可以从中学到一些技巧，这将帮助你获得更高的分数！

如果你的得分在45~59分之间，说明你在管理注意力方面相当成功，但是持续的管理对你来说，仍然是一项挑战。

阅读这本行动指南，可以帮助你提高专注的能力，收获上一节中所提及的那些益处。

如果你的得分在30~44分之间，这表明集中注意力对你来说是一项长久的挑战。你很难把精力集中在你的工作、学习和活动上。当别人和你说话时，你跟不上他们的节奏。你非常容易受到周围环境的干扰，无法长时间集中注意力。而你在本书中学习到的窍门，将会给你的生活带来显著的改善。

如果你的得分低于30分，那就意味着你有大量的工作要做了。你需要持续不断地去实践那些可靠的建议，以求控制好自己的注意力。而好消息是，你唯一所需的指南，正被你拿在手上。本书中包含那些激发你所需的敏锐注意力的工具。无论你是学生、教授、经理、企业家还是家庭主妇，掌控注意力都能帮助你创设出自己所渴望的那种生活方式。

现在，是时候解决在与分心斗争时，一个最常被忽视的问题了：你的工作环境。

第二部分
≫
如何创造一个可以帮助你集中注意力的环境

你所处的环境，在很大程度上决定了你能否长时间地集中注意力。一个积极的环境可以帮助你更好地避免分心，专注于你的工作，甚至于进入流畅的状态。而不当的环境，会让你只能集中片刻。

在接下来的小节中，我们将会探讨那些对你集中注意力的能力影响最大的环境因素。如果你能够恰当地处理好这11个因素，你就会惊讶地发现，自己竟可以如此轻松地专注于工作，且能够如此高效地做事。

光亮

你需要适当的灯光来控制自己的注意力。相关研究一致表明,年轻人在光线充足的环境中工作,注意力更加集中。

光线不足会对我们的情绪、注意力和工作效率产生负面影响。当享有充足的光线时,我们会更加快乐、更加投入,这有利于我们集中注意力。

你知道这是真的,因为你也有过这样的经历。

请回想一下,上次你在光线不足的情况下,试图阅读和理解新材料时的情景。你在背诵文章或者理解新的概念时存在困难吗？你是否发现自己的注意力很飘忽，或者是开始昏昏欲睡？视觉疲劳有没有分散过你的注意力？

当你在光线不足的环境中工作，这些都是大概率发生的事。

我在读大学的时候，经常会去学校里的图书馆学习，但那里的光线非常差。通常情况下，我怀着极强的学习动力，找到了一张有空位的桌子。然而30分钟后，毫无疑问地，我会发现自己开始凝望着空气发呆。有的时候，我甚至会睡着。

在这样的环境中，学习新知识以及准备考试所花费的时间，比实际需要的时间长得多。我在图书馆里待了好几个小时，可是大部分的时间都被浪费掉了。

这些事发生在我学会控制注意力的几年前。过了很久，我才明白光线会影响我集中注意力的能力。

当你坐下来工作时，请注意一下四周的光线。如果光线不足，那么就换个地方。

此外，要尽可能利用自然光。研究表明，自然光可以同时提高工作表现及工作效率。

背景噪声

如果你很容易分神,那么工作场所附近的任何一种噪声,都可能削弱你的注意力。附近的声音会把你的关注点从工作上引开,就像漏水的水龙头可能让你无法入睡一样,重复的点击声、敲击声和铃声都会引起你的注意。

背景噪声可能会使你无法坚持工作。你需要问自己一个问题:是所有类型的噪声都会分散你的注意力?还是只有特定类型的噪声才会如此?

例如,你可能容易被谈话的声音分散注意力,但在听古典音乐时却能够集中注意力。你的注意力可能很容易被电子游戏所发出的断断续续的声音分散掉,但空调发出的连续响声却对你没有影响。

有些人需要绝对的安静才能集中注意力，而有些人则在有环境噪声的时候工作更高效，比如白噪声[1]、布朗噪声[2]或粉红噪声[3]。还有一些人发现，当周围不断地有纷杂的活动时，他们最能专注于自己的工作。而有些人听着有风雨声的背景音乐工作时，会感到最放松、最有效率。

每个人都是不同的。因此要去尝试不同类型的背景噪声，再看看哪一种最适合你。

首先，在完全安静的环境中工作30分钟，并记录下这种环境是如何影响你的注意力的。

---

[1] 白噪声(White Noise)：声学术语，指一段声音中频率分量的功率在整个可听范围（0~20kHz）内都是均匀的。由于白光是由各种频率（颜色）的单色光混合而成，因而这种具有平坦功率谱的性质被称作是"白色的"，此信号也因此被称作白噪声。
[2] 布朗噪声(Brown Noise)：布朗噪声又称作棕色噪声或红噪声，与白噪声的平均分布不同，它是由布朗运动造成的，因此又称作随机移动噪声。
[3] 粉红噪声(Pink Noise)：粉红噪声是自然界最常见的噪声，其频率分量功率主要分布在中低频段。

接下来，一边听巴洛克音乐（巴赫和维瓦尔第的音乐是不错的选择），一边工作30分钟。然后，再一次记录下环境对你的影响。

接着，尝试在背景中逐一播放白噪声、布朗噪声和粉红噪声。看看它们对你集中注意力的能力分别有什么影响？

这个试验的关键是记录你的表现，因为这样你就可以将结果进行比对。最终，你会找到最适合自己的背景噪声类型。

另外，请记住，不同类型的噪声，可能适用于不同类型的工作。如果你在创作——例如，写一篇论文或画一幅人像——你可能会发现，器乐爵士是理想的背景乐。然而，如果你想学习新的知识，可能安静才是最好的选择。

找到适合自己的背景声的唯一途径，就是做试验。请记住，是你在掌控环境中的背景噪声。如果你不喜欢上述这些噪声，你可以利用别的资源，创建最能够帮助你集中注意力的背景声。

如果你需要安静，可以考虑买一副耐用的降噪耳机或耳塞。（但两者相比，耳塞是不太理想的。因为大多数耳塞只能阻隔33分贝的声音，根本无法与安静相比拟。）

舒适度

毋庸置疑，舒适度会影响你集中注意力的能力。如果你感到不舒服，无论问题出在你的椅子、桌子的摆放位置上，还是你的身体疾病上，你都不可能长时间地保持专注。

想想那些在你工作时，会提升或者降低舒适度的因素。以下是几个示例：

- 桌椅的高度
- 鞋子是否合脚
- 衣服是否合身
- 你的坐姿

- 是否久坐不动
- 显示器与视线的相对位置

这些因素决定了你在工位上的舒适度。因而，它们在决定你能否集中注意力的这个方面，扮演了重要的角色。

请根据你的工作环境，来思考下面的每一个问题。

- 你的椅子坐着舒服吗？
- 工作台的高度设置是否正确？
- 鞋子是不是太紧了？
- 衣服合身吗？

接下来，请检查你的姿势：

- 你的背挺直了吗？
- 你的背触碰到椅背了吗？
- 你的脚是平放在地面上的吗？你的膝盖呈90度弯曲吗？

- 你的体重均匀地分布在臀部上吗?

再考虑一下椅子的轮廓和构成：

- 它的填充物是否过于舒适，因而导致你昏昏欲睡？
- 它是否一直来回滚动，让你为了保持自己在显示器前的位置，不得不用上双脚还有核心肌肉？
- 它能给你的背部和臀部提供足够的支撑吗？
- 它足够透气吗？
- 它是否支持正确的坐姿（见上文）？
- 它能根据你身体的需求来调节扶手、靠背及其他功能吗？

请测量显示器与你的双眼之间的距离。理想的距离，是在24~36英寸[①]之间，显示器的顶部应该与你的视线平齐。

---

① 1英寸为2.54厘米。

如果你的显示器高于或低于你的视线，即便这个差距只有几英寸，你的脖子和眼睛也会感到疲劳。这两者都会严重影响你的舒适度，进而分散掉你的注意力。

请牢记，即使你有一把符合人体工程学的椅子、始终保持正确的坐姿、享受着一个优化过的工作环境，但久坐仍然会引起不适。每隔30分钟，你可以站起来伸展一下身体，四处走一走。这样做可以缓解脖子和肩膀的紧张感，让你再次工作时感到神清气爽，做好专注的准备。

环境温度

我无法在工作环境过于温暖的情况下集中注意力。

我的一位大学教授,很喜欢让他所处的教室保持"温暖"。有一天,我坐在第一排,但我还是困得睡着了。在看到我睡着后,他和我对峙起来:"达蒙,你每天上课都在打瞌睡。你家里的一切都好吗?"

我没有告诉他,因为教室的温度太高了,所以,我的昏昏欲睡持续了整个学期。

不只是我,很多人都有同样的感受。如果你在温暖的环境中也会打瞌睡,那么请你记住,你并不孤单。

2015 年,职业巨头凯业必达(Career Builder)发起了一项调查，让数千名全职雇员描述其所处办公室的温度，以及温度对其工作效率的影响。有25%的人表示他们的办公室太暖和了，而23%的人则声称他们的太冷了。

71%的受访雇员称，在过于温暖的办公室工作，会对他们的工作效率产生负面影响。53%的人则表示，在过冷的办公室工作也会有类似的效果。

10多年前康奈尔大学进行过一项为期一个月的研究，这项发现与上述调查的结果相似。研究人员发现，最佳的环境温度处于68~77华氏度[①]之间。在这个温度范围内，工人的工作效率最高，出错最少。而当温度下降到68华氏度以下，或者上升到77华氏度以上时，他们的工作效率就会下降，出错率也会上升。

显然，工作间的温度会极大影响你集中注意力以及高效工作的能力。而问题的关键，在于了解如何去管理这件事。

---

① 1华氏度约等于20~25摄氏度。

在你所处的环境中,你不可能一直控制调温器。这里有一些补偿性措施,可供你在有需要的时候使用:

- 多穿几件衣服。如果感觉太热,你可以把它们脱掉,直至舒服为止。
- 带一个小型落地扇或台扇,让你的办公室保持凉爽;或者带一个小型暖气,来让办公室保持温暖。
- 随时准备好液体降温袋。当你感觉热时,把它们放置在脚下。
- 抿一口冰水来控制体温。
- 如果你需要一盏台灯,那么请用 LED 灯泡,而不是一个会发热的白炽灯。
- 如果外面的气温比办公室里的凉爽,那就打开窗户。
- 如果办公室里的自动调温器常年设置过低,就带一条轻便的毯子或者一件毛衣。
- 携带一条可以绕在脖子上的轻便围巾。

这样做是为了创造一个合适的环境温度，让你能够保持机敏与专注。你也可以根据情况所需，利用以上的方法来让自己变得暖和或者凉爽。

空气质量

室内的空气污染比室外的更严重,你相信吗?更糟的是,据美国环境保护局(EPA)称,这种情形很常见。复印机、打印机、办公设备、地板和油漆中的各种化学物质,都会释放污染物。研究还表明,长时间接触高浓度的二氧化碳,会对员工的工作表现产生负面影响。

我们很少注意到这些污染物,因为它们肉眼不可见。但对许多人来说,它们会引发其出现各种身体反应,譬如头痛、疲劳,甚至是恶心,有些还有可能引发过敏。

这些身体反应,会对你集中注意力的能力造成负面的影响,进而会降低你的工作效率。职业安全与健康管理局

（OSHA）的数据显示，由于空气质量差而导致员工请病假和工作效率低下，每年会给雇主造成150亿美元的损失。

问题在于，你可以对此做些什么？

如果你在办公室里工作，你几乎无法控制通风系统和空气质量。你最好的选择，就是经常去外面休息一下。散散步，晒晒太阳，呼吸一下新鲜空气。经常休息的另外一个好处，在于防止你坐得太久。

如果你是一名学生，那么你可能会拥有更多的灵活性。利用课间休息的时间，到外面走走。不要把你的空闲时间全部投入到图书馆里，因为在那里你可能依然无法呼吸到清新的空气。如果你需要学习，可以在室外找个僻静的地方，若找不到则可以戴上耳机。

如果你是一名企业家、小说家、自由职业者或者全职家长，你则会拥有更多的自由。你可以随时改善自己所处的环境（一些特殊情况除外）。利用好这种自由，经常休息一下，到户外去呼吸新鲜空气。

虽然你的选择可能有限，但你确确实实拥有选择。好好利用这些选择。这样做的好处在于,即便你工作环境中的空气质量很差,差到会分散你的注意力,你也能保持专注,更好地抵御干扰。

气味

有些气味会分散我们的注意力，而另一些则会有助于集中注意力。举个例子，回忆一下你上次收拾鱼时，鼻子下面飘散着刺鼻气味的情景。你可能会发现，自己很难集中注意力。因为这种味道会让你感到不舒服。它太浓郁了，会使人分心。

现在，再回想一下，你上一次在有一点薄荷香或肉桂香的环境中工作的情景。这些气味是有助于集中注意力的。

我们所接触到的香味和臭味，会对我们的情绪和状态产生影响，进而影响我们管理注意力以及专注于任务的能力。

无论是凭借直觉还是凭借经验，大多数人都意识到了这一点。但是，你知道哪些香气可以改善你的情绪，帮助你集中注意力并提高你的效率吗？

下面是一些例子（包括在上文中，我提到过前两种气味）：

- 薄荷
- 桂皮
- 松木
- 迷迭香
- 紫苏
- 柑橘
- 薰衣草
- 柏树

众所周知，这些味道有助于提高人的机敏度，防止疲劳。例如，迷迭香可以帮助你理清思绪，让你不那么容易分心。

薄荷可以刺激大脑，提高你的注意力。柑橘和肉桂有助于减轻你的精神疲劳。这些都能够使你的情绪得到提升。

那么要如何把这些香气制造出来呢？你可以利用蜡烛、精油，甚至是熏香。

当然，你的工作环境将决定你使用它们的自由度。如果你和他人一起在办公室工作，就没办法点蜡烛、加热精油或者熏香。因为你的同事可能会抱怨，或者更糟——虽然他们表面上保持沉默，但心里却可能积了怨。

另外一种选择是随身携带一条毛巾或者手绢。当你需要提升情绪的时候，在布上滴几滴精油，然后再把布覆在鼻子上吸气。这是一个不太完美，但却有效的解决方案。

当然，如果你在家工作，你可以在闲暇时去使用上述方法——蜡烛、精油和熏香。试试我上文中所列出的那些味道，然后注意一下，哪些对你的情绪、机敏度还有集中注意力的能力影响最大。

如果你长时间待在公共场所，譬如图书馆或咖啡馆，你显然无法点蜡烛或熏香。如果你被那些让人分心的气味侵袭了,最好的选择就是离开。

假设坐在你旁边的男人去过健身房后,忘了擦除臭剂;或者,邻桌女士身上的香水味足以熏晕一头大象。在这些情况下,请尝试重新找一张桌子。如果行不通,那么最好彻底离开,去其他地方工作。因为当被这些"香味"攻击时,你的工作不太可能会取得实质性的进展。

他人在场

谈话声、笑声和孩子们玩耍时的声音,是注意力的天敌。正如我之前提到的,我们是社会性动物,自然而然地会被他人所吸引。听见别人在谈话,我们便会对其谈话的主题产生好奇;听到笑声,我们便想找出其原因;而当听到孩子们玩耍时的声音,我们则被他们的朝气所吸引。

毫不惭愧地说,我偷听到的信息,比我自己聊天说出去的要多。而且,我只要一听到笑声,身体里就有一个部分在好奇——我错过了什么。

这是人类的天性。不幸的是,这种倾向会让人难以集中注意力。我相信,你能够理解这一点。回忆一下,上次你试图专心工作，却听到同事在讨论一部你很想看的新电影时，是怎样的情景。你的注意力可能会被他们的谈话所吸引，转而降低了当前任务的优先级。

当你试图保持专心，却被周围的人分散注意力时，你都有哪些选择？这里有一些建议：

- 换到另外一个地方。
- 戴上降噪耳机。
- 用耳机听纯音乐或者白噪声。
- 到外面休息一下，然后期盼着等你回来时，那些打扰你的人已经离开了。

你也可以提出要求，让那些打扰你专心的人压低声音或者换个地方。但这不是一个理想的选择，其原因有二。其一，对方可能会因此变得愤怒，给出相应的反应。其二，它迫使你依赖于他人的善意，而这些善意很可能靠不住。

如果你在家办公，或者你是一位全职家长，你就能对他人发出的噪声有更多的掌控力。例如，你可以让你的孩子去玩棋盘游戏，而不是玩吵闹的电子游戏。如果你的伴侣在家，你可以让他在某一段时间内不要打扰你。

如果你在办公室工作，你的选择会少一些。因为，你对他人的影响力较小，毕竟他们不是你的家人。他们很可能不会在意，你是否需要一个安静的环境。在这种情况下，离开、戴上降噪耳机、听轻松的纯音乐，或者去休息一下，是你最好的选择。

布置

你布置工作间的方式,会对你集中注意力的能力产生影响。办公桌、文件柜和其他办公家具与办公室门窗的相对位置,既可以帮助你专心工作,也可能分散你的注意力。

举个例子,假设你的办公室很拥挤,那么有限的空间就会让你产生幽闭、恐惧之感,而这会削弱你的注意力。

或者,假设你的办公桌正对着一扇窗户,而窗外是经常有人路过的人行道。窗外不停运动的景象,也会分散你的注意力。

又或者,假设你的椅子背对着办公室的门。如果你把门敞开着,可能会被一种情形所困扰——人们的目光会一直越过你的肩膀看过来。这种情形也会分散你的注意力。

你该如何布置你的办公室或者工作间,才能使自己专注于工作呢?以下是一些建议:

- 扔掉那些你不需要的家具。如果你的办公室里有一张很少使用的沙发,就把它搬走。多出来的空间,能够让你在精神上有呼吸的空隙。
- 布置好你的办公室,让空间变得畅通。例如,你的桌子和门之间应该没有任何障碍物。
- 专门准备一个文件盒,存放所有新添置的物品。这类文件盒不要超过一个。
- 确保你有足够的光线。不管你是在使用顶灯还是台灯,充足的照明对保持注意力来说至关重要。
- 整理书桌抽屉,这样你就知道在哪里可以找到回形针、橡皮筋、邮票以及其他物品。
- 清理桌面上的书和杂志。把它们扔掉、送人,或者放在书架上。

- 使用一个固定的容器（一个杯子就足够了）来存放钢笔、铅笔、剪刀，以及你一天之中所需的类似物品。
- 准备一个容量更大的垃圾桶。垃圾桶越大，你就越不需要打断自己的专注力来清空它。不要害怕为了实用性而牺牲掉美观这件事。
- 将娱乐项目从你的工作间中移除，让它成为专属的工作区。把你的手机、iPad、Kindle和其他电子设备放在其他地方，为娱乐项目划出一个单独的区域。
- 如果你还在使用文件柜来存储文件，那么请考虑使用云存储软件来进行电子备份。我们最终的目标，是摆脱文件柜，释放它所占用的物理空间。

工作间布置得越有条理，我们就越能集中精力。我强烈建议，用一种可以让你的精神得到放松的方式去布置工作间。你将会发现，这样做能够帮助你更好地管理自己的注意力，远离干扰。

杂乱

想象一下，你正坐在办公桌前，准备开始工作。你充满动力，也有一张精心计划过的待办事项清单。你觉得，今天会是非常高效的一天。

接着你注意到，桌子上到处都是杂物。钢笔、文件、订书机、尺子、无数的回形针和橡皮筋散落在那里。几天前就应该归档或丢弃的文件夹，杂乱地堆成了一堆（或者更糟，是好几堆）。几周都没有翻阅过的书和杂志，更是令状况雪上加霜。在这堆乱糟糟的东西下面，是你的键盘。然而，键盘会出现在这堆东西下面，更多的是一种奢望，而非必然。

你感到自己的动力正在慢慢消失。杂物会分散你的注意力，让你很难专注。你听到脑海中有一个唠叨的声音在告诉你，办公桌上的这堆混乱令人无法接受。

你并不孤单，数百万人都试图在凌乱的办公桌上完成工作。不幸的是，据科学家称，这样的杂乱严重干扰了人们保持专注的能力。

在"保持专注的十大障碍"一节中，我提到了一项于2011年发表在《神经科学杂志》上的研究。为了方便大家参考，我将在这里重复一下作者的发现：

"多种刺激同时出现在视野中，通过相互抑制对方在整个视觉皮层上所诱发的活动，来争夺神经表征，为视觉系统有限的处理能力提供了一种神经学解释。"

杂物会引起你的注意。它会在你无意识的情况下，分散你的注意力。更糟糕的是，它会削弱大脑处理信息的能力。你的记忆力会受到影响、理解力会受损，你吸收新知识的速度会下降。

你可以想象得到,这将会对你的注意力造成何种影响,以及最终是如何降低你的工作质量和效率的。

杂乱会破坏你集中注意力的能力,因此采取措施去清理工作空间中的杂物是有必要的。下面有一些建议,可以帮助你开始行动:

- 把你工作中需要使用的东西罗列出来,并把它们放在触手可及的地方。
- 把桌子上的其他东西都清走。将它们放置在一个盒子里,然后再把盒子放到一边。这样做,可以让你立刻重新集中注意力。在你完成工作后,再去整理或者丢掉盒子里面的物品。
- 根据物品的重要性来整理抽屉。把你每天都会使用的东西,比如回形针和橡皮筋,放在最上层的抽屉里。把尺子、剪刀和彩笔——你可能经常使用,但不是每天都要用的东西——放在中层的抽屉里。把你偶尔会用到的旧发票，放在最下层的抽屉里。
- 把桌子上的电线整理好，这样它们就能从我们的视线中消失了。为了达到这样的效果，你可以购买一些工具，如凹槽、夹钳和电线管理工具包。
- 把你的电脑机箱还有打印机放到桌子下面，而不是放在桌面上。

以上这些建议仅仅是冰山一角。最关键的一点是，你要尽可能地把杂物从你的工作空间清理出去。这样做你将会更加放松。你会发觉，自己变得更有创造力，你的大脑将会更好地专注于你的工作，而不是不断地被这些杂乱的东西分心。

计时

你需要一种方式来记录工作时间的流逝。你有四种基础选择:

1. 戴手表。
2. 把你的手机放到手机架上,再将屏幕设置为可以显示时间的模式。
3. 在办公室的墙上挂一个钟表。
4. 用台式机或者笔记本电脑上自带的时钟计时。

只要你所选择的设备能出现在你的工作空间中,具体是什么并不重要。

另外,我其实不怎么推荐使用手机计时。因为,当收到短信、电话和各种通知时,你的注意力将会被分散。我同样也不建议你使用电脑自带的时钟,因为它太容易被忽视了。不过话虽如此,如果你没有其他的选择,只要能查看时间,随便一个都比没有强。

有了挂钟或者手表,你将对完成任务所需要的时间更加清楚。如果你设定了完成任务的期限(我强烈推荐这种做法),你将体会到需要完成任务的压力。

这种加强过的意识会令你的注意力更加集中。时钟就摆在眼前,你很清楚自己还剩下多少时间。如果你正在同时使用待办事项清单来完成工作,你将会确切地知道自己需要在某段时间内完成什么内容。随着时间流逝,越来越大的压力会促使你忽略干扰,坚持工作。

很多人喜欢在忽略时间的情况下工作。因为他们觉得,这样做可以让自己更轻松地进入一种流畅的工作状态。虽然这对一些人来说可能有效,但我发现,当他们不知道自己还有多少时间可供支配时，大多数人都倾向于混日子。这就是人的天性。

我在大学读书时，就在学生们和教授们身上见过这种状况。前者会选择闲逛而不是学习，但当他们查看手表时，就会意识到时间已经过了许久，并开始感到恐慌。后者则会在讲课的时候跑题，当他们意识到一节课即将结束的时候，再匆忙地总结一下。

我在美国的企业中也亲眼看见了这种现象。同事们纷纷相信自己的时间很充裕，然后就开始聊天、查看社交媒体、玩手机，做任何与他们所负责工作无关的事情。在没有时钟或手表显示时间的情况下，他们成功地说服自己——他们拥有比实际情况更充足的时间。

你有没有想过，为什么杂货店、购物中心和其他零售场所都没有设时钟？你能回忆起，你最后一次在商场里看到钟表是什么时候吗？经营这些场所的人明白，如果你知道了时间，就会变得匆忙。墙上不挂钟表，就可以解决这个问题，这样做从本质上防止了顾客对时间进行监控。

请将这种情况与你的工作间联系起来想一想。你需要一种能够监控时间流逝的方法。我建议，你可以在办公桌前方的墙上挂一个时钟。最理想的情况，就是确保它处在你的视线范围之内。你将会发现，它能够帮助你把注意力集中在当前的任务上。

可擦白板

可擦白板有两个重要的用途。首先,它允许你持续关注那些需要你完成的任务。你可以把它当作一个待办事项清单来用,把新的项目记下来,擦掉完成的项目。

其次,它是一个可以记录想法的地方。如此一来,你便不需要把想法记在脑子里,并期盼着以后能想起来。你可以把想法记在白板上,以备日后对其评估。这样你永远不会因为记忆力不好而忘记它们。

我们头脑中游移不定的杂念,会对我们的注意力和工作效率产生毁灭性的打击。每个想法都是一个话题盒子的钥匙，让头脑变得思绪飘飞。每一个想法都在跟我们唠叨，直到我们把它解决了，或者记录下来并持续跟踪。

当你把这些想法从脑海中转移到一块可擦白板上时，你便可以更好地集中注意力。这些想法不再是一种会唠叨并吸引你的循环。

不过，并不是每个人都喜欢使用可擦白板。有些人觉得在上面写字很麻烦，因为板身是安装在墙面上的。他们更喜欢把事情记在纸上，或者用在线软件来记录。

我建议，你来试试可擦白板。它们相对来说更便宜，在亚马逊上，许多小型板的售价还不到20美元。如果你决定尝试一下，我建议你买几支彩色笔（这将使总成本再增加10美元）。使用不同的颜色记录不同的事项，例如：

- 红色代表待办事项。
- 蓝色代表约会和会议。
- 绿色代表随机的想法。
- 黑色代表头脑风暴。

请至少试用两周,因为这将给你足够的时间去判断自己是否喜欢这种方式。如果你发现你不喜欢使用白板,或者使用它并不能帮助你管理自己的注意力,那么就扔掉或者放弃它。至少那个时候,你是确定自己的想法的。

数以百万计的人已经将可擦白板购置到他们的工作间中,用以记录任务、约会、会议和各种随机的想法。他们发现在注意力管理方面,可擦白板有很大帮助。请亲自试一试吧。在接下来的两周内,尝试这种做法,你可能会发现,可擦白板能够让办公室与工作流程变得更完美。

我们刚刚创设了一个完美的工作环境。接下来,你需要一些可操作的策略来提高你工作时的注意力。在本书的第三部分中,你将学到23种从今天起就可以用起来的策略。

第三部分

立即提高注意力的 23 个策略

如今，注意力管理这件事比以往任何时候都要困难。电话、电子邮件以及短信，都在与我们作对，不知疲倦地让我们分心。与此同时，社交媒体、视频网站和新闻网站的诱惑，不断威胁我们的动力，破坏着我们的专注力。

此外，我们周围的人也在制造干扰。如果你在家里工作，你的家人可能不会意识到，他们每一次的打扰都会削弱你集中注意力的能力。如果你是一名学生，你的朋友可能更愿意偷懒而不是学习，这也会阻碍你学习的脚步。如果你在办公室工作，你的同事可能会习惯性地过来聊天，而这也无意中破坏了你的专注力。

面对这些挑战，你需要一些可行的策略，用以管理你的注意力。接下来的这一部分，会让你拥有远离干扰、专注任务所需的一切准备。

现在，让我们开始吧！

策略1：设置计时器

在"第二部分：如何创造一个可以帮助你集中注意力的环境"中，我曾建议在办公桌前的墙上挂一个钟表。放在显眼位置的时钟，会让你对时间有所意识。

而你的桌子上，也应该有一个计时器。你可以用它来为单独的任务（或者是成批量的任务）设置截止期限。

例如，假设你正在制作一个PPT。根据经验来看，你需要两个小时才能完成它。那么就把你的计时器设置成两个小时，然后开始工作。在你面前倒数的计时器，会让你保持专注，并让你保持在正轨上，不会那么容易拖延或者分心。

截止期限能够促使我们采取行动。拥有一个计时器是至关重要的，因为它提供了一个可以通过视觉测量时间的方法。将计时器放在工作间里，我们就可以看到倒计时，这能将我们的注意力引向手头的任务。它确保了我们正在进行的任务或者项目，可以获得最高的优先级。我们能够专注于工作而不是拖延，是源于我们意识到分配给任务的时间已经所剩不多了。

以下是一些小贴士：

- 设定可实现的截止期限。请记住霍夫斯塔德定律（Hofstadter's Law）：事情做起来，总是比我们想象中所花费的时间要长。在完成任务或者项目的过程中，要考虑到你可能会面临的潜在挑战。
- 避免设定过于宽松的截止期限。如果1个小时能完成，就不要分配出两个小时。
- 创建一个奖惩体系。如果你在截止期限前完成了任务，可以奖励自己（例如，吃一块巧克力）。但如果你超过了截止期限才完成，那就不给自己奖励。
- 将时间分成小块来工作。不要将你的倒计时一口气设置成3个小时，而是要一次设置1个小时（最多这样了）。每个阶段之间，休息10分钟。

什么类型的计时器才是你所需要的？这里有3个基本选项：你可以使用厨用电子计时器、手机软件，或者谷歌。就个人而言，当我在家工作时，我更喜欢用厨用电子计时器。我不喜欢用我的手机来计时，因为它里面的其他应用太容易对注意力产生干扰了（手机是工作效率的杀手）。

当我在咖啡馆工作时，我不能使用厨用计时器（至少，无法在不分散他人注意力的情况下使用），所以，我会使用谷歌自带的计时器。

策略 2：将每天的任务数量限制在 5 件以内

你盘子里的东西越多，你就越不能把精力集中到其中一件上。当你在做一件事的时候，其他事项会叨扰你并分散你的注意。如果你的待办事项清单上有 10 个、15 个，甚至更多的任务，你就不可避免地会更加有压力。这将进一步分散你的注意力，让你更容易分心。

我建议，把每天要做的事情限制在 5 件以内。5 件就足够了，你可以一次只做一件，不必担心会遗留下一些未完成的事项。如果你清楚自己有时间完成清单所列的每一项任务，你就不会被那些待办任务所困扰。只要你分配给它们的时间足够多，最终所有事项都会得到解决。

我是因为有过惨痛的经历，才明白这一点的。几年前，我常常高估自己在一段时间内所能完成的工作量。因此，我的待办事项清单总是涵盖了太多的任务项目。应付这些任务，给我带来了很大的压力。我总觉得自己像在玩追逐游戏，眼看着时间悄悄溜走，并清楚地意识到我无法把所有的事情都做完。

在这样的情况下，保持专注是不可能的。我的工作质量也因此下降。

而当你每天只做5件事时，你就能避免陷入这种困境。你会觉得自己对待办事项清单上的每件事都有充分的把握。你不仅能够确切地知道自己在这一天里需要做什么，而且有信心能按时完成每项任务。

那么结果如何？你会感到更放松、更有创造力、更能集中注意力。此外，你的工作质量也会得到提高。

所以，请把压力从自己的身上卸下来。每天都检查一下你的待办事项清单，找出所有不重要的任务，把这些任务重新安排到以后的某个时间去做；或者，就在确定其完全无用的情况下彻底不去做了。然后，把你的注意力集中在完成清单上剩下的 5 个重要事项上。

如果你完成了这 5 项任务，并且在一天结束时还有富余的时间，就把剩下的任务写出来。如果你能完成其中的任意一项，那便把它当作是一种奖励吧。这里的关键是，把不重要和无关的事项从你的核心待办事项清单中删除。这将赋予你自由，然后你可以去专注那些对你的责任和目标影响最大的事情。

策略3：明确你的理由

我们所做的每件事，从早上刷牙到晚上和孩子们玩耍，皆事出有因。我们做事是具有目的性的。

当缺乏特定的目标时，我们就会变得容易分心。想象一下，当你努力试图高效率地工作时，你的注意力却被周围的一切所占据。在这种情形下，你怎么可能集中精力呢？这背后的原因就在于，你正在做一件事，却并不知道自己为什么要这么做。

假设你是一名大学生，需要备考学习。你希望为此投入4个小时的时间，以做好充分的准备。这4个小时，便是专注的时间。

你有一个显而易见的理由去学习：这场考试将影响你在班上的最终排名。因此，你想要得到高分，而唯一的办法，就是学习。

但假设，你没有找到自己需要复习的原因。更糟的是，备考的辛苦会让你愈发抗拒。当你有足足40页的笔记要背时，你便很难把注意力集中在奖励（好成绩）上。

在这种情况下，你会发现自己很难保持专注。你会被你的朋友、你的手机，甚至是随便一个路过的陌生人——任何与你的学业无关的事情所干扰。你的大脑会主动寻找这样的干扰源，以逃避手头上那单调的任务。大脑渴望的是满足和沉浸，而学习无法很好地提供这两种感觉。

这就是为什么你必须明确做某事的原因。目标是我们的动力，让我们思路清晰并专注于任务。这是有效管理注意力的关键之一。

当试着集中注意力的时候，你受到内心的阻碍是很普遍的现象。当你的大脑无法识别你为什么要采取行动时，这种抗拒感就会出现。你要击破它并投入工作，思忖你的目标是什么。

如果你需要准备一次大学里的考试，就提醒自己，你在考试中的表现会影响你在班级里的排名。如果你正在为你的老板完成一份报告，那么就请注意，你的工作会影响到他的商业决策。如果你正在做家务，就请记住，你在那天晚上要准备接待客人，你想要给他们留下一个好印象。

简而言之，请知悉你的"为什么"。你会发现，这能够帮助你集中注意力，避免分心。否则，你的动力会被破坏，你的效率也会降低。

策略4:每次工作、学习开始前,都进行有氧运动

大量的研究表明,运动可以降低人们患老年痴呆症的风险,可以完善认知过程,并可以增强记忆力。研究人员还发现,运动也有助于注意力管理。进行有氧运动的人,其注意力会在运动后更集中。

海马体是大脑中负责产生新记忆的地方。神经学家认为,有氧运动增加了血液流向海马体的流量。这能够提高人的机敏度和注意力,让人可以把更多的注意力资源投放到手头的任务上。

如何运用这门科学,把它变成你的优势?答案就是——在你坐下来工作或学习之前,进行锻炼。

需要说明的是,你不需要去健身房,也不需要跑上几英里[①]。60秒的充分运动就足够了。这里有一些建议:

- 做10个俯卧撑

- 做10个深蹲

- 做10个仰卧起坐

- 做20个开合跳

- 做10个凳上双臂屈伸

- 在户外冲刺跑30秒

- 跳绳60秒

- 空击60秒

这些运动的目标是提高你的心率。据研究人员称,这

---

① 1英里约为1.6千米。

将增加你体内红细胞的体积,为大脑提供氧气。再一次强调,充分运动仅需 60 秒就够了。如果你即将进行的工作耗时很短(比如 30 分钟的会议),这个时长是最理想的。

研究人员还发现,运动增加了人体内一种特定蛋白质的体积,这种蛋白质是负责大脑成长的。它被称为脑源性神经营养因子,被认为有助于神经元生长与改善突触传递。

从运动中我们能够得到什么?我们会得到更完善的信息处理过程、更强的记忆力,并且能够提升对注意力的管理能力。

如果你需要集中注意力,那么就请卷起袖子去锻炼。实际上,只需花费一分钟,就能够增加流向海马体的血液流量,让你享受由此带来的集中的注意力。

策略5：快速记录想法

我们每天所处理的最大干扰之一，就是那些未言明的思想和想法。它们游荡在我们的脑海中，向我们索要关注。

例如，你可能会遇到以下情况：当你在努力工作时，突然有了一个很有建设性的想法。你试着去忽略它，因为这样你就可以继续工作了。可这个想法却一直萦绕在你的脑海里，挥之不去。不久之后，你开始在网上搜索关于它的信息。好了，你原本要做的任务已经几乎被你给忘到脑后了。

当然，有想法是很好的。在任何情况下，创造力都是有益的。但问题是，如果你不能以一种富有成效的方式解决问题，随机的想法会毁掉你的注意力。

这里的挑战在于：你不想忘记自己闪现的想法，但同时你又不希望它们破坏你的专注力和动力。那么，如何在集中注意力的同时，去实现你的想法呢？

我发现，最好的方法就是把它们立刻记录下来。这样，你就可以把它们储存起来，以备后续查看，同时不让它们把你从工作的状态中拽出来。以下，是一些可以将想法记录下来的方式：

- 纸和笔
- 印象笔记（Evernote）
- 微软 OneNote
- 简洁日程（Todoist）
- 谷歌云笔记（Google Keep）
- 白板
- 黑板
- 录音笔

当一个突如其来的想法掠过你的脑海时,请把它写下来,储存到网上或者录音。不要让它游荡在你的脑海里,把它记录下来,然后继续工作。

广受好评的"GTD时间管理法"[①]的创始人大卫·艾伦(David Allen),把这种想法称为"开放式循环"。它们是尚未被归类的意图,代表了我们想做或者需要做的事情。如果让它保持"开放",它就会不断地给我们带来困扰,试图吸引我们的注意力。

我们必须关闭这些开放的循环,将想法储存下来。否则,它们便会占据你的记忆,分散你的注意力,导致你拖延任务。

就我个人而言,我更喜欢用笔和纸来记录我的大部分想法。话虽如此,当我突然想到一些需要处理的待办事项时,我会用简洁日程在线记录下来。如果这些想法与待完成的项目相关——例如,我想到一些与我正写的书有关的

[①] GTD 是 Getting Things Done 的缩写,GTD 时间管理法的核心概念是必须记录下要做的事,然后整理安排并驱使自己一一去执行。

内容——我则会把它们记录在印象笔记中，因为与项目相关的细节早已存储在其中了。

我会避免用手机来记录想法。正如我之前提到的，手机会造成过多的干扰。一旦我拿起手机，我就会忍不住地想要浏览网站、给朋友打电话、查看电子邮件。如果你比我更自律，使用手机记录想法可能就没什么大问题了。

你可以下载免费软件：印象笔记、简洁日程和微软OneNote。这3个应用都是不限使用平台的，不仅适用于苹果专用系统，也适用于安卓系统。

我主要在苹果笔记本电脑上工作，我会用谷歌浏览器打开印象笔记和简洁日程的标签页。我可以在几秒钟内记录下一些想法，然后迅速地回归到工作中去。

这套流程我用了好多年。如果你需要联网工作，且手机总是让你分心的话，我建议你可以尝试一下这个方法。

策略6：找出致使你分心的诱因

大多数人认为，他们的分心源自无聊。当下的任务中没有什么能够吸引他们的注意力，因此他们会走神，跑到任何一个对他们有吸引力的事情上，哪怕这种吸引只有一瞬间。

事实上，分心是被诱发的。内部或外部的刺激，都会分散我们的注意力，使我们无法完成任务。如果你已经厌倦了与干扰做斗争，那么首先就要确认，将其触发的究竟是什么。

让我们来一起解决一下，那些可能分散你注意力的内部诱因。请注意下述的一些诱因，其中一些是生理上的，而另一些是心理上的：

- 对食物的渴望
- 拖延的倾向
- 无聊或烦躁不安
- 挫折
- 疼痛（如头痛、牙痛等）
- 情绪失控

　　这些刺激使你变得更加容易分心。例如，你非常想吃自己最喜欢的糖果，你便会发现集中精力完成手头的任务是一件难事。如果你是一个习惯性的拖延者，你的大脑则会想办法转移你的注意力——无聊、沮丧、痛苦、抑郁也都会侵蚀你的注意力。

　　如果你想远离干扰，首先必须将这些触发因素解决掉。你需要想出并实施有效的方法来避免或抑制它们。

　　例如，当吃了过多含糖食物时，我便会感到头痛。这种头痛使人难以集中注意力。如果我需要做一些事情，尤其是写一本书这样具有创造性的事情时，我会限制糖的摄入量。

那些让我们更容易分心的外部刺激，要怎么处理呢？让我们再来看看下方的清单，思考一下，每一项都是如何将你的注意力从目前所做的任务或项目上移开的：

- 电子邮件
- 短信
- 电话
- 社交媒体
- 电视新闻节目
- 互联网
- 吵闹的同事

我相信，你至少对其中的一部分情况有所体会。如果你和我一样，那么这里面的每件事都是你的诱因。任何一件事,都有可能会干扰你的注意力,摧毁你的动力,严重降低你的效率。

再次强调,认识到分心背后的原因很重要。只有识别出个人的外部诱因,才能想出规避它们的方法。

从前,电子邮件经常让我分心。我有好几个账号,所以每当需要检查电子邮件时,我总要把它们全部检查一遍。我会查阅每一封邮件,并做出及时、得体的回应。而这有可能会花费我大量的时间。

我曾为谷歌邮箱(Gmail)在浏览器中单独开设一页选项卡。毫无疑问,新邮件一到,我的注意力就会被吸引过去。它们会分散我的注意力,使我无法专注,除非我把它们处理完。

如今,我每天只查看两次电子邮件。第一次查看在中午,第二次则在下午5点左右。我不会再为邮箱单独打开一页浏览器选项卡。我工作时,也不会再把手机放在身边。如此一来,我便不会在收到新邮件的那一刻就收到通知,也不会被新邮件干扰。

找出导致你分心的内部和外部的诱因，并用类似的方式去解决它们。找到一些你可以在日常生活中使用以打败它们的方法，或者至少是可以抑制它们对你产生影响的方法。这将帮助你控制自己的注意力，并在重要的时刻可以保持专注。

策略 7：使用每日待办事项清单

使用待办事项清单的目的之一，就是记录下你需要在某个时刻里处理的每一个任务、项目或者事情。它能够帮助你把这些东西从脑袋里移出来，而不是让它们在你的脑海中形成一个"开放式循环"。这样你便可以更好地专注于眼前的工作。

这种效应与心理学领域的蔡格尼克记忆效应（Zeigarnik effect）有关。蔡格尼克记忆效应是指，比起已完成的任务，未完成的任务更能吸引我们的注意力，后者是一个"开放式循环"。这些未完成的任务如果停留在我们的脑海中，便会产生侵入性的想法，分散我们的注意力，阻碍我们集中精力。

使用待办事项清单可以解决这个问题。将每个任务与想法都记录下来，你可以有效地将它们从你的短期记忆中清除。否则，它们便会形成一个"开放式循环"。而将它们置于清单之中，你就可以关闭这个循环，去继续完成任务，也不必担心自己会忘掉它们。

使用待办事项清单的另外一个目的，就是帮助我们对注意力进行管理：它能够提醒我们在某一天或者某一特定项目中，我们所需要做的一切事项。

假设你正在处理一个项目，其中包含了很多单项任务。如果将这些任务记录在一张清单中，你就不必担心自己会忘记其中的某一个。你可以简洁地写出待办事项清单，然后在你完成的时候划掉它们。如果让这些任务留在你的脑海中，它们便会形成一个"开放式循环"，分散你对手头任务的注意力。更糟糕的是，你有可能会忘记其中的一项或者多项，同样有可能会使你的注意力分散。

一旦你把这些事项从前额皮质（大脑中处理短期记忆的区域）中移除，你便可以更好地专注于当前的任务，"开放式循环"将不再分散你的注意力。

记录任务的方式，其实并不如记录任务这个行为本身那样重要。以下是几种基本选择：

- 纸和笔
- 基于云的记录工具（简洁日程、印象笔记、微软 OneNote 等）
- 可擦白板

如果你有一台支持手写笔记的平板电脑，你也可以用。重点在于，你需要找到一个让自己感到舒适的工作方式。

我会将纸笔、简洁日程和印象笔记结合使用。纸和笔可以很好地记录下那些我想要记住的随机想法。我可以迅速把它们从脑海中移除，把它们搁在一边，等到之后再处理。

简洁日程是我最喜欢的待办事项清单制作工具。它足够灵活，不会把你淹没在无用的闹铃和声响里。我用它保存了几十张清单。我可以根据优先级和上下文，对它们以及它们所包含的单独任务进行颜色标注。如果你从来没有尝试过简洁日程，我强烈推荐你试用一下。简洁日程有免费版，应该可以符合你的需求。当然它还有一个付费的版本，其中提供了大量花哨的功能。我用的是免费版，它对于我来说已经够用了。

此外，我发现印象笔记非常适合以鸟瞰的视角组织项目。例如，当我为一本新书构思时，我会在印象笔记中为其创建一个大纲。然后，我会在接下来的几周内充实大纲。

一个项目如果被我记在印象笔记中，就代表着其仍处于早期阶段。比如，我记下了要撰写一本新书，那么它就还没有进行到我需要将其作为单个任务专注处理的时候，如研究新的概念、阅读科学期刊、撰写各部分内容、编辑、封面包装设计等。一旦我准备好专注于这些任务，我就会把该项目从印象笔记中转移到简洁日程里。

这是我记录清单的模式。事实证明，它对帮助我集中注意力、卓有成效地工作起到了很大作用。如果你正在寻找一个可以帮助你组织和管理多个项目的模式，我建议你可以先试试我的方法。我敢打赌，你也会得到类似的积极体验。

策略 8：播放能辅助你进入流畅状态的音乐

当你试图集中注意力时，音乐能起到两个作用：淹没环境噪声和帮助你进入流畅状态。

正如我在"第二部分：如何创造一个可以帮助你集中注意力的环境"中所提到的那样，四周的噪声会让你很难集中注意力。而噪声的类型则取决于你所处的环境。

在办公室，同事间的谈话可能会分散你的注意力。在咖啡店，拿铁、卡布奇诺等咖啡的制作声，就像手提电钻发出的声响一样让人分神。而当你在家里，隔壁房间的孩子们在看他们最喜欢的电视节目时，那声音很容易使你的注意力分散，进而破坏你的专注力。

音乐有助于抵消这种噪声。它可以淹没，或者至少把噪声置于背景中。这样，噪声就不再是一个问题了。

但请注意，安静也有可能是一种干扰。很多人在没有环境噪声的情况下，无法集中注意力。对他们来说，音乐更可以帮助他们集中注意力。

音乐能够帮助你达到一种敏锐的专注状态，让你周围的一切都退回到背景中。这种情况被称为"进入状态"（being in the zone），可以提高工作表现。研究人员发现，音乐家、运动员，甚至电竞选手都是如此。

关键在于，你所听的音乐类型。

大多数人发现，他们在听纯音乐时更能集中注意力，而有歌词的音乐则会令人分心。

尽管如此，值得注意的是，有些人能够在听有歌词的音乐时集中注意力。他们对自己最喜欢的音乐是如此熟悉，以至于它们会变成背景，不再让人分心。就我个人而言，我曾经尝试这样做，不幸以失败告终。但我仍然鼓励你亲自尝试一下。

并非所有的纯音乐,都是帮助你集中注意力的理想选择。例如,我喜欢在闲暇时听吉他摇滚乐,但是,我无法在听它们的时候集中注意力。我总是不停地跺脚、摇动脑袋。如果我在咖啡店里处理工作,我甚至会随着音乐的节奏前后摇摆,引来周围人的目光。

我推荐你听古典音乐。虽然它的效果并不是普适的,但对于大多数人来说都奏效。研究表明,听巴洛克音乐特别有帮助。因为它的节奏轻快,能改善听者的情绪,对人们的注意力与工作效率都有积极的影响。

我发现,反复听同一首古典乐曲,能帮助我集中注意力,进入状态。例如,当我写作时,我会听肖邦的《E小调前奏曲》(Op.28,No.4)(*Prelude in E minor, Op. 28, No. 4*),并让它在后台循环播放。我对这首曲子非常熟悉,听它对我几乎有助眠的效果。一听到最初几个音符,我的大脑就会立刻集中注意力。

你可以在油管上找到类似的经典曲目,比如钢琴奏鸣曲、夜曲和练习曲,它们都是可以循环播放的。我把肖邦的《E 小调前奏曲》（Op. 28, No. 4）下载到了我的苹果笔记本电脑上。当然你也可以在网络上找到以下音乐作品：

- 贝多芬的《献给爱丽丝》（*Beethoven's Für Elise*）
- 贝多芬的《月光奏鸣曲》（*Beethoven's Moonlight Sonata*）
- 肖邦的《夜曲》（Op. 9, No. 2）（*Chopin's Nocturne Op. 9, No. 2*）
- 埃里克·萨蒂的《玄秘曲》（No.1）（*Erik Satie's Gnossi-enne No. 1*）
- 弗朗茨·李斯特的《钟》（*Franz Liszt's La campanella*）

上述的音乐只是示例。你还能在网站上找到更多其他的乐曲。我建议，每一种你都可以听听看，感受一下哪种最适合你。我个人发现，我的大脑对肖邦《E 小调前奏曲》（Op.28, No.4）的反应最好。但你的大脑，也许对贝多芬、萨蒂或是李斯特的反应会更好。

结论就是，恰当类型的音乐可以提高你的注意力水平，在环境中存在其他噪声的情况下帮助你保持专注。

策略9：经常休息

科学表明，短暂的休息能让我们集中精力完成任务。这是有道理的。毫无疑问，长时间的工作或学习，会让你的注意力逐渐减弱。我们的大脑，天生就不适合在不休息的情况下，连续集中注意力几个小时。

没有休息时间的工作会让我们觉得无聊，也让我们变得更容易分心，进而削弱了我们专注的能力。

当我们经常休息时，我们的大脑能够更好地处理新信息，形成新的联结，并将重要的细节记忆下来。当回到工作中时，我们会感到精神焕发。这使得我们可以更轻松地集中注意力，抵御干扰。

很多人选择不休息，是因为他们觉得这样做很内疚。他们觉得把工作放到一边，放松一下会浪费时间——这些时间可以用来做更多的事情。具有讽刺意味的是，不眠不休的工作带来的结果往往适得其反。没有休息，他们的思维效率就会降低，他们会犯更多的错误，工作效率也会降低。这些结果迫使他们花更多的时间把任务做完。

假设你确信有规律的、频繁的休息是很重要的，但不确定要如何将它们融入自己工作中，这里有一些建议可供你参考：

- 分段工作。一种非常流行的方法是番茄工作法（Pomodoro Technique）：工作25分钟，休息5分钟。或者你可能更喜欢"52+17"策略：工作52分钟，休息17分钟。尝试找到一个工作或休息时间的合理间隔，来完善自己的工作流程。
- 监控你的注意力水平。这需要我们拥有自我意识。当你感到自己的注意力开始分散时，立即停止工作，休息一下，站起来伸伸懒腰，吃一些健康的零食（一个苹果，几颗杏仁等），喝一杯水，或者做点什么——什么都行！这可以让你的工作过程有个间断，给你的大脑短暂但急需的休息。

- 高质量的小憩。小憩的时间是很短的，一般只持续10~30分钟。从短期来看，它们本质上是一个可以让自己闭上眼睛放松的借口。条件允许的话，你可以把你的下午分成几个45分钟的时段。每段中安排出10分钟的小睡时间。如果你像我一样，你会期待这些时刻的到来，那时的你可以仰起头，闭上眼睛，无视周围的一切。

- 将你的休息"社交化"。休息时，给朋友和爱人打个电话。如果你是一个天生喜欢社交的人，你会期待打这些电话。它们可以激励你专注于工作而不分心。你可以通过与你爱的人和重视的人联系来奖励自己。

- 将你的休息"游戏化"。这里的基本概念与将休息时间"社交化"的概念是一样的。不过,这次你不是给朋友或爱人打电话,而是利用休息的时间玩最喜欢的游戏。我喜欢玩《水滴解谜》(*Quell*)和《太空入侵者》(*Space Invaders*)。

你可以尝试一下这些建议,或者找出适合自己的方法。最重要的是,你需要找到一种能够把休息融入工作中的路径。在工作间隙,给你的大脑一些放松的时间,这样你集中注意力的能力就会更强。

策略 10：走一小段路

这个策略可能听起来平淡无奇，但在注意力管理方面，它比你想象的更有帮助。散步能够给你的大脑提供一个放松的机会，新鲜的空气可以让你恢复精力。精神疲劳会降低你的抗干扰能力，而散步恰好可以治愈精神疲劳。

科学研究证实，散步可以提升你的注意力和短期记忆。在森林或植物园等自然环境中散步的效果尤其明显。即使是看大自然的图片这样简单的行为，也能起到恢复精力的作用。在一项相关研究中，参与者们的注意力持续时间足足延长了 20%。

你可以从经验中体会到这一点。回忆一下，你最后一次在工作之余享受户外散步的时光，散步可能会提升你的情绪，让你感觉更放松。你的能量水平很可能会上升，你的思想可能在漫游，为现存的问题寻找创造性的解决方案。

当回到工作中时，你感觉到精神焕发了吗？你是不是能更好地集中精力完成手头的任务？你甚至可能已经注意到了，你的表现有了改善。你犯的错误少了，工作质量高了。

这些效果在短距离的散步后很常见。

你不需要进入森林或植物园来享受散步带来的认知上的益处。在任何环境中，散步都是有益的。当然，在大自然中散步给注意力带来的好处，总是会超过在拥挤嘈杂的人行道上行走时所获得的。但就像尽可能地利用一切去生活一样，用你所拥有的东西去工作吧。

人们面临的最常见的挑战，实际上是迈出散步的步伐。许多人倾向于单纯地待在办公桌前，或者更糟——持续工作，他们认为这样做没有那么麻烦。而停下手头的工作，站起来，穿上外套，然后告诉别人自己要去哪里、要去多久，最后走到外面去——这些似乎会很令人讨厌。他们还认为在办公桌前休息相对而言更容易。

但我们要意识到，这样做会剥夺走路带给你的认知方面的益处。你会错过它的放松、恢复效果。最重要的是，你不会体验到户外散步所带来的专注感。

在一天之中，你需要定期重置自己的注意力，这是在重要时刻保持专注的最可靠的方法。不要只待在办公桌前上网，不要只和你的朋友聊天，起身走到外面去，享受新鲜空气。你不仅会感到神清气爽，而且能更好地在自己需要时集中注意力。

策略 11：坚持单任务处理模式

对于一心多用的能力，大多数人的印象都很深刻。同时处理多项任务的能力，在我们看来是非凡的。我们中的许多人，都试图在自己的身上培养这种能力。

但是多任务处理有一个不可告人的小秘密：它根本不奏效。研究人员发现，试图在同一时间做很多的事，只会让我们更加容易分心，这些干扰会影响我们的表现。

这种效应的性质很容易理解。我们的大脑实际上不会同时处理多个任务，即使它们看起来像是在同时处理多个任务。与之相反，我们大脑的运作模式是，专注于一项任务，然后是另一项，接着再是另一项。当我们同时处理多项任务时，我们的大脑会在它们之间来回移动，这就是所谓的任务切换。

任务切换会消耗极高的注意力成本。首先，它要求多个任务保持未完成状态。如前所述，这些未完成的任务是分散注意力的"开放式循环"。

其次，我们的工作质量会随着我们试图应付的任务数量和复杂性而降低，错误率却会升高。这会对我们的生产力产生严重的负面影响。

试想一位经常一心多用的朋友或家人。你有没有试过在他同时处理多项任务时，与他进行实质性的对话？这段经历可能会让你感到沮丧。这个人很难把注意力集中在谈话上，因此也无法以一种有意义的方式参与这场对话。

这就是任务切换所带来的结果：它削弱了专注度。

你可以通过单任务模式来提高你的注意力——一次只做一件事。当你在做那件事的时候，要抵制住处理其他事的诱惑。

如果你习惯性地一心多用，想切换成单任务模式并不容易。但请放心，通过投入时间、勤奋和努力，你可以训练自己仅专注于某一项任务而忽略其他任务。

我亲身体会到了放弃一心多用这个习惯所带来的痛苦。多年前，我曾为自己能够同时处理多项任务而自豪。我能一边处理电子表格、阅读新闻、查看最新的销售数字，一边和父母通电话。我会一边看电视，一边看书和查收邮件。

现在回想起来，我意识到，在这些纷乱的任务中，我的表现其实并不好。如果我同时阅读和看电视，那么我便常常无法记起书中以及电视节目中的故事情节。如果我一边看电子表格一边打电话，那我就无法做到健谈。

这些问题都源于一心多用导致的注意力不集中。

多年来，我一直在训练自己，一次只做一件事。但我承认，这是一个漫长、困难且令人沮丧的过程。刚开始的时候，我注意力集中的状态超不过2~3分钟，我心不在焉，搞得一团糟。每当我的注意力分散时，我就会狠狠地打自己。

最终，我学会了原谅自己的这种失败。这是重回正轨的唯一途径。这种努力是值得的。对我来说，一心一意做事的能力是管理注意力的重要步骤之一。

如果你还没有养成这个习惯，那么我强烈建议你在工作的过程中也养成这个习惯。你会发现，它能加强你的注意力，提升你的工作质量和效率。

策略12：批量处理相似的任务

批量处理是计算机领域的术语，指计算机在不需要人为干预的情况下，执行一系列程序或者作业。它们通常在白天处于排队状态，然后在一天结束时开始执行。

批量处理（在计算机领域中也是如此）的一个优点就是，它减少了计算机处理器以及内核的负载量。另一个优点，则是它不需要对每项工作都进行干预。人们不需要一直靠近计算机并提示它去执行正在排队的程序。

你的大脑也可以用类似的方式工作。学会利用这种注意力属性，你的注意力和效率会明显提高。下面我们来具体说说如何利用批量处理来获得益处。

首先，想想你今天要做的所有事情，写下每一项。你需要看到它们摆在你的面前。

然后，检查你的事项清单，寻找相似的任务，将它们组织在一起。这里有几个例子：

- 你需要查阅和回复的邮件。
- 你需要撰写的博客文章。
- 你需要支付的账单。
- 你需要拨打的电话。
- 你需要安排的约会和会议。
- 你需要完成的报告。
- 你需要做的杂务。

接着，在日程表上为每个小组安排一段具体的时间（例如，20分钟）。在这段时间里，只处理那一组包含的项目。

上述操作可以促使你的大脑批量地处理任务。这样做的好处是，处理任务所花费的认知资源更少，因为它们之间是相似的。你的大脑不需要在得到提示后才去完成每一项任务，因为它会凭直觉知道下一步该做什么。

假设你在付账单。这是你多年来，每个月都在做的事情。因此，你的大脑很熟悉这个过程，可以执行一系列已知的"动作"来完成这个批量处理。

对于每一张账单，你的大脑都知道要查看所欠金额、开一张支票，然后记录下详细信息。它可以在不需要大量认知或注意力资源的情况下，完成这些动作。它将依序执行每个任务，直到全部完成。这些任务（或工作）是相似的，因此变得更加容易处理，你的大脑可以更轻松地集中精力去完成这些任务。

批量处理还将帮助你避开那些由任务切换所产生的注意力成本（我们在上一节中讨论过这些成本）。想象一下，你正在付账单，然后花上了几分钟写报告，接着打了通电话。打完电话后，你又去发了一封电子邮件，看了一份备忘录，接着开始清理你的工作间。之后你安排一场会议，然后再付一笔账单。这就是所谓的事务处理（计算机术语），每个任务都需要你投入注意力。

事务处理会给你的注意力带来巨大的任务切换成本。这种模式不仅会花费你更多的时间，还会削弱你专注的能力。此外，它会让你变得更容易分心。

当你进行批量处理时，就可以避免这些影响。你将能够在更长的时间段内保持思维敏捷，而这会帮助你集中注意力、对抗干扰，将自身锁定在任务上。

思考一下这个策略是如何影响你的工作效率的。在"保持专注的十大障碍"一节中，我曾指出，你的大脑需要20分钟才能在中断之后回到正轨。当你分批处理任务时，你能够将中断的影响降到最低。结果会如何呢？你将更容易达到流畅状态。处于其中，你的产出率将会飙升！

值得注意的是，对于那些不怎么需要创造性思维或者批判性思维的任务来说，批量处理是最有效的。回复电子邮件就符合这个条件，安排会议、付账单和做家务也是如此。而像是做复杂的数学问题、创建精密的系统、进行深入的研究，这些都需要大量的认知资源，则不太适合批量处理。

对于普通的任务来说，批量处理是管理你的注意力和提高工作效率的好方法。

策略13：将你的一天分隔成几段

有些人称之为时间阻断，而另一些人则将其称为番茄工作法（番茄工作法是一种限制性很强的方法），还有人称之为时间分块。

无论你喜欢如何称呼它，以下是其基本步骤：

1. 指定一个特定的时间，来完成一个特定的任务。
2. 把时间花在那项任务上。

你给一项工作，分配的时长可能是10分钟，也可能是5小时（或更多）。这在很大程度上，取决于你打算在这段时间内处理的任务,或者是准备批量处理的任务。

把你的一天分成 3 个时间段,有以下 3 个好处。

其一,这会让你更有效率。分配出一段固定的时间,等于给任务设定一个截止日期。正如帕金森定律(Parkinson's Law)所述,"工作会不断扩张,直到将可用的任务时间都占满"。设定一个期限,可以有效地缩短完成任务的时间。

其二,它会让你感觉更放松。你将不再为是否有足够的时间,去完成待办事项清单上的所有事情而感到有压力。你的日程表,将会被用来处理待办事项的时间块所填满。尽管也会有紧急情况,但这还是能够让你了解这一天将会如何进展。

其三,它能让你集中注意力。你为一件特定的事情分配时间,能够让你保持工作状态。你会从一开始就知道,你的注意力应该完全集中在面前的任务上。在这段时间里,你不会因为受到诱惑而去做其他的事情,也不必承担随之而来的注意力成本。

如何把你的一天安排成时间块？首先，了解完成特定任务需要多少时间，是很有帮助的。这些知识可以让你在不给自己太多时间的情况下，安排一些刺激你行动的任务（请记住帕金森定律）。

其次，在你为待办事项清单上的所有任务分配了时间块后，记得把它们记在日历上。这样做，你就不会重复设定你的时间表了。我更喜欢谷歌日历（Google Calendar）。它有效，容易操作，而且是免费的。

第三，如果一个时间块超过了45分钟，过程中请至少休息一次。如果时间超过90分钟，则要安排多次休息。

例如，假设你计划用3个小时来做一个重要的展示，你可以这样安排你的工作休息时间：

- 工作45分钟；
- 休息10分钟；
- 工作45分钟；
- 休息15分钟；

- 工作45分钟；
- 休息20分钟。

要注意，在每次工作45分钟后，休息时间是逐渐增加的。这样做是因为，保持长达45分钟的专注状态是一项艰苦的事，会带来精神疲惫。为了保持清醒，你需要给你的大脑足够的时间来放松，尤其是在你的工作需要高度集中注意力时。

当你完成第三次也是最长时间的休息后，你会感到神清气爽，准备好了开启下一个工作时间块。

策略 14：断开网络连接

如果你和大多数人一样，手机和网络将会是让你无法集中注意力的两大威胁。它们加在一起，会让你无法坚持完成任务。

你的手机会让你即时、持续地查看短信、电子邮件和社交媒体。每条新消息都会发出一个可听到的铃声（假设你打开了手机通知）。这些铃声会让人分心，它们会干扰你的注意力，即使你在手机发出声音后设法忽略了它，但你已经被影响了。

互联网则更糟。在谷歌上进行一次简单的搜索，就会让你陷入一个耗费数小时宝贵时间的"兔子洞"①。更糟糕的是，网络互动"简短摘要"的特点，缩短了我们注意力的持续时间。这种特点体现在谷歌的快速搜索、脸书的帖子，以及最多 140 个字的推特上。

解决方法本身很简单：工作时断开网络连接，关掉你的手机（稍后我们会详细介绍），断开 Wi-Fi 连接。简而言之，从一开始就消除这些潜在的干扰。

当你准备休息的时候，随时拿起你的手机重新连接到互联网上（或者更好的做法是，把手机放在办公桌上，到外面轻快地散散步）：查阅和回复错过的短信、查收电子邮件、浏览脸书、查看最近的新闻头条、在油管上看新的搞笑视频。但当你的休息结束后，请切断网络连接，继续工作。

---

①兔子洞（Rabbit Hole）：源自路易斯·卡罗（Lewis Carroll）的《爱丽丝漫游仙境》，比喻牵涉更多内容和分支的探索行为，即原本只想用谷歌搜索某项内容，但在浏览过后，又在网页上发现了其他令人感兴趣的新奇内容，不停点击链接到新的网页。这种行为如同兔子洞。——译者注

如果你需要在网上查找与你正在做的任务相关的信息，请先把它记下来，然后接着工作。以后再做调查，不要马上破坏你的专注力。

你会发现，当你断开连接后，压力会变小，你能够更加放松，更能集中注意力。不论是新短信、电子邮件和社交媒体更新，还是你当前工作环境中的干扰（例如，吵闹的同事、嘈杂的复印机的声音等），你将不再容易受其干扰。

离开手机和网络，能够让你的大脑把注意力集中在重要的事情上，而忽略这个过程中的其他琐事。

策略 15：限制开会的时间

我在工作时，没有什么比开会更让我心烦意乱的了。每次在日程表上看到有会议时，我都会感到生气。因为，这意味着我损失了一段时间。

我不认为开会是无用的。反之，我所参与的项目，都需要其他贡献者的共同参与。我们需要让团队了解每个人的进展，合作去解决共同的挑战。

我对会议的厌恶，源于会议占用了我太多的时间。几乎所有的会议都会进行 1 个小时以上，大多数会议召开的时间更长。

真正有必要的长时间会议，我用一只手就可以数得过来。在大多数情况下，会议持续的时间长，是因为每个人都坐得很舒服。更糟糕的是，会议中经常会提供食物。人们因此没有什么动力去推动事情的进展。

随着时间的推移，我使用了一种策略，来帮助我避免过长的会议。当有人想和我讨论某件事，并建议安排一次会面时，我会反驳并建议我们在当下便讨论这件事——最好是在站着的时候。

我发现，在大多数情况下，那些话题并不需要1个小时来讨论，甚至连30分钟都不需要，10分钟就足够了。通常，5分钟也够用了。正如理查德·布兰森爵士（Sir Richard Branson）曾经说过的：

"单个主题的会议需要持续5~10分钟以上，这非常罕见。"

削减会议日程安排后，我得到了许多好处。一方面，我可以让自己投入到需要深入思考和集中注意力的工作中。

另一方面，在不因参加那些非必需的会议而打断工作时，我可以更容易达到一种流畅的状态。这让我能更好地专注于手上的任务。

想想你典型的一天。是不是其中很大一部分的时间都花在会议上了？你希望自己可以用这些时间做更有成效的事情吗？你是否厌倦了把工作放在一边，去参加那些毫无价值的会议？如果是这样，我的建议如下：

- 当有人要求与你会面（至少1个小时，可能更长），建议直接在那个时刻临时见一下面。
- 如果你必须参加一场会议，那么就提出站着开会的建议。
- 如果可能的话，避免参加提供食物的会议。食物会带来舒适感，而舒适感会抑制大家的工作劲头。
- 如果你是负责安排会议的人，请分配比惯常更短的时间。例如，与其给会议安排1个小时，不如安排15分钟。

- 避免参加 10 人以上的会议。
- 请求会议按议程表进行。
- 请求将所有的会议都安排在午餐后。早晨的时候，大多数人都能够集中注意力，进而可以保持高工作效率，要把这段宝贵的时间，用在自己的工作上。

在会议上花更少的时间，可以让你在自己的任务和项目花上更多的时间。不过，更大的好处在于，它让你可以自由地集中精力工作。你不需要为了参加那些没什么价值的会议而打乱自己的工作流程。

这样做会有什么样的结果呢？那就是，你能够更加专注于你待办事项清单上的高优先级、高价值的任务，更好地管理注意力并对抗干扰。

策略 16：重置他人的期望

没有人会比你自己更关心你的时间和精力，没有人会比你对你更负责。所以，应该是你去设定别人的期望。

如果你不希望自己陷入被动的工作状态，不想一直迎合他人提出的临时要求，那么你就必须根据自身情况设置一定的规则。而后，你必须向最有可能干扰你工作的人解释这些规则。否则，你将会一直受到干扰，无法实现真正的专注，可以预料得到，你的工作效率和工作质量都会因此大幅下降。

第一步，确定最常见的中断工作流程的情况。以下是一些可能性：

- 同事来你的办公室聊天或者寻求帮助。
- 如果你在家工作,人们会不请自来,希望你能邀请他们进屋并让他们开心。
- 朋友和家人会打电话给你,希望你能接听他们的电话。
- 同事会给你发邮件,希望在一个小时内得到回复。
- 朋友会给你发短信,希望在几分钟内就收到回复。

这可能是最沉重的现实——那些对你的注意力和工作效率有巨大影响的,是来自你生活中特定的几个人。考虑到这一点,我们要进行的第二步,就是列出其中的前五名。

想想经常来你办公室聊天的同事,想想那些经常因为你没有立即回复他的电话和电子邮件而生气的家庭成员,想想那些每天给你发几十条短信,希望你能及时回复的朋友,再想想那些经常不请自来的邻居——他知道你在家里(却不知道你正在工作)。

常常打扰你的人,你可能用一只手就能数过来。

第三步是进行头脑风暴,重新设定他们的期望。

几年前,当我经历这个过程时,我采取了一种严苛的方法。我那样做,是对不断增多的干扰和压力的情感反应。我什么事都做不了,感受到了巨大的压力,因此变得脾气暴躁。最后,我像个被点燃的火药桶一样爆发了。

我不建议采用这种方法,因为这绝对会伤害感情、破坏关系。

反之,要想出来一个外交式的方法,去接近每一个你在第二步中所发现的头号冒犯者。例如,假设一位同事经常来你的办公室聊天,你正试图重置他的期望。你可以试试以下的方法:

"萨姆(Sam),我非常愿意同你聊天。但是,早晨是我效率最高的时候。你可以在下午1点的时候再过来吗?"

得到了这样的回应,萨姆会觉得自己很重要,但同时,你也很清楚地表明了自己不能和他聊天。另外,你建议他下午 1 点再来找你，便是人为地控制了"打断"发生的时间点。午餐后，你的注意力很可能恰恰处于低水平阶段。

不要害怕重置别人的期望。记住，他们不会自己主动来做这件事。不要让沮丧把自己搞得像一个被点燃的火药桶。用礼貌和外交的手段去接近那些最容易冒犯你的人，你可能会惊讶于他们竟然对你提出的建议接受度很高。

策略 17：关掉手机

你的手机可能会分散你的注意力。即使你在来电铃声、短信提示音或振动响起时拒绝查看和回应，它也能做到这一点。

2015 年，研究人员在《实验心理学杂志：人类的认知和表现》（*Journal of Experimental Psychology : Human Perception and Performance*）上发表了关于这种效应的证据。他们监测了在佛罗里达州立大学（Florida State University）就读的 212 名本科生的表现。这些学生被分成了 3 组：接到电话的、收到短信的以及没有收到任何电话通知的。他们的发现如下：

"即使参与者在执行任务时,没有直接与移动设备互动,手机通知本身也会严重影响他们在完成对注意力要求较高的任务时的表现。"

你或许曾经亲身体验过这种影响:与工作无关的电话和短信会分散你的注意力。重要的是,不仅仅是伸手去拿手机的行为,手机的声音也会分散你的注意力。它的通知会吸引你的注意,直到你查看它为止。

基于这个原因,我强烈建议你在工作时关掉手机。这样做,你将能更好地集中注意力。你会发现,与其他干扰做斗争变得更加容易。你可以避免看到应用通知——得知你有5条新的语音信息、78封新邮件和31条新短信需要处理。重要的是,你可以避免陷入社交媒体的时间陷阱。

没有手机来分散你的注意力,你就能集中精力工作。你会变得更有效率,犯的错误会更少,并在这个过程中感到更放松。你也会感到更加快乐,因为你能够完成更多的事,或者专注于更深层次、更需要注意力的工作。

但如果你沉迷于手机,该怎么办呢?有一个简单的解决方法。许多应用程序都可以帮助你控制自己的成瘾,你可以用这些应用程序去设定一个时间段,在此期间,它们会屏蔽你想要屏蔽的其他应用程序。

例如,你可以将你的社交媒体和短信应用封禁两个小时。有一些应用程序,甚至可以在一段特定的时间内禁止手机接入互联网。

使用这些应用程序,可以降低手机通知分散你的注意力、让你分心的风险。它们是手机成瘾者的理想选择。

就我个人而言,我会在工作时关掉手机。这是一个更简单的解决方法。我发现,关掉手机不仅能让我集中注意力、提高效率,还能帮助我重新设定别人的期望——我可能会在什么时候回他们的电话,或者回复他们的电子邮件(我不发短信)。

亲自尝试一下吧。在你下次需要集中注意力的时候,请把手机关掉。你会发现,自己变得更加专注。如果你像我一样,你就会更加快乐,更加放松,心情也会更好。

策略 18：管理你的精力水平

一天之中，我们的精力水平是上下波动的。在精力充沛的时候，我们更专注、更有效率。在精力水平较低的时候，我们注意力不太集中、更容易分心。这其中的诀窍是识别这些周期，并组织工作流程，以便最大限度地利用这种波动。

我推荐的是一个简单的三步法。

第一步，创建电子表格。谷歌表格是理想的工具，因为它是免费的，你可以通过任意一台电脑、手机或者平板电脑来访问你的数据。使用最左边的一列，以 15 分钟为单位将一天划分成几个时间段。从早上起床开始，到晚上睡觉结束。

下一栏标题定为"能量级别"。在这里,你可以记录自己一天中不同时间段的精力水平。使用 1~5 为其赋值,1 表示高精力水平,5 表示低精力水平。

下一栏标题为"记录"。在这里,记录与波动的精力水平有关的细节。例如,你可以在上午 8:15 写下你吃过了早餐,同时记录你吃的食物。这些细节被证明对日后的回顾有用。

第二步,跟踪接下来两周内你的精力水平。在电子表格中输入 1~5 之间的值,以表示一天中不同时间点的能量,频率和时间完全取决于你自己。我这样做的时候,记录下了我在以下时间点的精力水平:

- 上午 8:00(喝咖啡后)
- 上午 10:00(早餐后)
- 中午 12:00(午餐前)
- 下午 1:30(午餐后)
- 下午 3:00(午后感到困倦时)
- 下午 5:00(下班时间)

- 下午 7:00（晚餐后）
- 晚上 10:30（接近睡觉时间）

请注意，这些时间点距离那些可能会影响我精力水平的事件很近。例如，我想监测早餐是如何影响我的精力水平的，所以选在了上午 10 点进行记录，这大概是吃过早餐的 30 分钟后。

我发现在电子表格的"记录"那一列中记下细节很有帮助。例如，我记录了自己吃的是一顿丰盛的午餐（意大利面），还是一顿健康的午餐（鸡肉沙拉）。如果我在下午 2:30 去散步，我会在下午 3 点的那一行记录这个细节。这种记录方式提供了一些信息，我可以利用它们更好地管理我一整天的精力。

第三步，在为期两周的跟踪期结束时，检查你的电子表格。仔细阅读每天的信息，寻找其中的趋势。注意一天之中你的能量水平什么时候低迷、什么时候高涨。

我发现，我的精力水平在下午 3 点左右会直线下降，下午 5 点左右则恢复了活力。我还发现，不健康的食物，如早餐时吃下的甜甜圈，或者午餐后吃掉的一块糖果等，对我的精力水平有着明显的负面影响。相比之下，短时间的运动，如时长 5 分钟的户外散步或 10 个俯卧撑等，则显然对我产生了积极的影响。

一旦你确定了一天中低精力和高精力的时间段，就请调整你的工作流程来适应它们。在精力充沛的时间段，可以安排需要足够注意力的"深度工作"。而对于简单的工作，如回复电子邮件、回电话和预定会议时间，则可以安排在低精力水平的时间段来完成。

此外，寻找你可以做出的改变。这将有助于你进一步利用高精力水平时段。例如，在检查过我的电子表格后，我很快发现垃圾食品对我的精力水平有着严重的危害。它削弱了我集中注意力的能力，让我更容易分心，使我昏昏欲睡。

你的精力水平决定了你能够集中注意力的程度。你不可能一整天都保持充沛的精力，我们的大脑做不到这一点。

解决的方法就是，在电子表格上跟踪精力水平的波动，并利用这些信息来相应地调整你的工作流程。

策略 19：冥想

冥想能提高你的注意力，这并不奇怪。它是恢复内心平静的有效方法。它是一种消除压力和干扰的工具，可以减轻你的负担，让你活在当下。

研究人员发现冥想能提高注意力。2007年，《美国国家科学院院刊》（*Proceedings of the National Academy of Sciences*）发表了一项针对40名中国大学生的研究。研究发现，花些时间冥想后，他们集中注意力的能力得到了显著提高。

冥想不需要点蜡烛或焚香，也不需要双腿交叉、盘膝而坐，一遍又一遍地喃喃自语。

我提到这一点是因为，很多人对冥想有错误的认知。他们想象中的冥想，是穿着长袍的僧人坐在寺庙里，闭着眼睛，双腿交叉，拇指和食指微妙地触碰着。这已经成为他们心目中修行的典型形象。难怪那么多人对冥想提不起兴趣！

事实上，冥想有很多种形式。有些很简单，你可以在任何地方去做，只要你保持平和与安静。此外，一些修改版的冥想方式，只需要花上几分钟就可以了。如果你的时间有限，这将会很有用。

我练习的是正念冥想（mindful meditation）。这是一个简单的冥想方式，主要是放松和专注于你的呼吸。我会设置一个3分钟的计时器，然后闭上眼睛，慢慢地深呼吸。我专注于每次吸气和呼气，忽略其他所有的想法。

我通常在我的办公桌前冥想，而你可以在任何地方这样做，只要自己是平和的。你可以坐着，也可以站着，这是你的选择。如果你喜欢，你可以睁大眼睛。当然，如果你这样做了，我建议你把目光集中在所处环境中的一个物体上——如果在办公室，你可以凝视一本书；如果在公园里，你可以凝视一棵树。

你只需要冥想几分钟，就会感到放松、精神焕发，并能够重新集中注意力。

正如上文提到过的，冥想有很多种形式。但如果你从未尝试过，我建议你从最简单的形式开始：正念冥想——也就是我所练习的冥想方式。设置一个3分钟的定时器，闭上眼睛，专注于你的呼吸。你可能会感到惊讶，这个简单的练习竟然能极大地提高你的注意力。

策略20：避免使用电子邮件

使用电子邮件的一个问题是，查阅它似乎是没有害处的。我们告诉自己，这只需要几分钟。大多数人从经验中得知事实并非如此，但这并不妨碍我们的大脑说服我们仍然这么做。因此，我们带着好的意图，登录了电子邮箱，但可以预见，最终实际花费的时间会比我们计划的多得多。

查阅电子邮件的另一个问题，在于它会让人分心。如果你给电子邮件单独开了一页浏览器标签页，你就会知道，新消息是多么令人难以抗拒。你想知道，新邮件是谁发来的，他说了什么。你明白自己应该继续工作，但你的大脑会让你相信，有人可能需要你立即给出反馈。所以，你开始查阅你的电子邮件，然后掉进了众所周知的"兔子洞"陷阱。

在工作的时候查阅电子邮件还存在一个问题：它会激起你的"社交控"（FOMO）①。这和我们在收到新短信时查看手机是一样的。我们不想错过任何一个机会，无论是和朋友聊天、分享最新的八卦，还是浏览新的网络爆点新闻。"社交控"是新邮件吸引我们注意的最大原因之一，不幸的是，屈服于诱惑会破坏我们的注意力。

我建议你避免使用电子邮件，至少在一天中的大部分时间里要避免。不要给邮箱设置标签页，不要在心情不好的时候查看邮件，也不要只为了查看你是否收到了已发送邮件的回复而打开邮箱。每天只检查两次电子邮件，并尽量选择适合你精力水平和工作效率的时间段来做这件事。

例如，我现在每天中午和下午 5 点左右查看电子邮件，

---

①社交控（fear of missing out），忙于眼前事的时候，总是害怕会错过更有趣或者更好的人和事。——译者注

我尽量避免在早上查看，因为人们很容易陷入其中，花费太多时间来查阅和回复。此外，我的精力水平在早上是最高的，我不想把时间浪费在无关紧要的任务上。

因此，我会在吃午饭的时候查阅和回复电子邮件。下午5点，当我结束一天的工作时，再查看和回复一次。

基于你的个人精力水平和你在工作与家庭中的义务，你可能会有一个与我完全不同的时间表。我建议具体可以按以下3个步骤来执行：

第一步：回顾你的时间表。问问自己什么时候必须查看电子邮件。提醒自己，几个小时不发邮件不会导致灾难。

第二步：从一天中选择两个时间。在连续两周跟踪你的精力水平后，你应该对自己一天内的精力波动有了一定的了解。请在一天中选择两个低精力的时间段来检查电子邮件。

第三步：告诉别人你查阅新邮件的时间。你的老板、同事、朋友和家人可能对你回复他们邮件的时间有一定的期望。让他们了解，以后你每天会检查两次电子邮件这件事，告诉他们你所选定的时间。这样做，会鼓励他们改变期望。

每天检查两次电子邮件的目的，是让你能最大限度地集中精力工作。重要的是，它能帮助你利用好一天中精力最旺盛的时刻。

如果你对查阅电子邮件成瘾，那么你刚刚采用这种新方式可能会觉得很困难，请给自己一些时间去适应它。此外，要经常性地审视自己。当你本应该专注于其他事，却忍不住要回邮件的时候，问问自己："如果我几个小时不收发电子邮件，最糟糕的结果会是什么？"

你会发现，根本不会发生什么特别糟糕的情况，因此这是不必要的担心。

策略 21：建立（并坚持）日常的惯例

尽管我们很想把自己看作是自由随性的，但我们中的大多数人都是在日常惯例中成长起来的。大脑更喜欢结构化的东西，它喜欢知道接下来会发生什么。这使得它可以专注于下一个动作，而不是被过多潜在的动作分散注意力。

这是高效率人群坚持日常惯例的首要原因。他们能够将更多的认知资源，投入到需要他们注意的任务中，以便更有效率地工作，并最终完成更多的事情。

他们不需要担心自己是否有行动力，他们也不需要担心自己是否有足够的意志力，他们的日常惯例促使着他们采取行动。

想想你自己的日常模式,你其实是在遵循这些模式的,即使你自己并没有意识到。对于大多数人来说,这些模式是短期的。因此,他们错过了更长的、更全面的日常惯例所提供给他们的提升过的注意力。

例如,当你早上醒来后,你可能会经历以下的程序:

- 刷牙;
- 上厕所;
- 洗澡;
- 吹干头发;
- 喷香体露;
- 化妆;
- 穿衣服;
- 吃早餐。

在执行这一系列操作时,你不需要考虑接下来会发生什么。因为你多年来，一直在做同样的事情。每一个动作，连同整个顺序，不断地重复，在你的脑海中根深蒂固。因此，你可以有效地完成整个程序而不会分心，你会下意识地专注于每一个动作。

你可以利用你潜意识中同样的注意力特性，在工作时达到高度集中的状态。你可以简单地创建一个每日例行程序，帮助自己对重复的任务采取行动。假设你每天需要做以下事情：

- 查阅电子邮件；
- 回电话；
- 为你的老板写3份日报；
- 和同事一起讨论项目。

当然，你的待办事项清单上还有很多其他的任务需要处理。

假设你的日常惯例是这个样子的：

- 上午8：00——到达办公室。
- 上午8：00—8：30——检查你的待办清单以及待完成的项目。根据需要将高优先级的项目添加到列表中。
- 上午8：30—9：30——写日报。
- 上午9：30—9：45——休息一下。
- 上午9：45—11：00——写日报。
- 上午11：00—11：20——和同事开会讨论项目。
- 上午11：20—12：00——完成日报。
- 下午12：00—下午1：00——吃午餐，同时查阅并回复电子邮件。
- 下午1：00—1：30——回电话。
- 下午1：30—2：15——完成那些只需要很少精力的任务（参考你的待办事项清单）。
- 下午2：15—2：30——休息一下。
- 下午2：30—3：30——完成那些只需要很少精力的任务。
- 下午3：30—3：45——和你的老板讨论第二天的工作重点。

- 下午3：45—4：00——休息一下。
- 下午4：00—5：00——做一些需要中等精力的工作。
- 下午5：00—5：15——查阅和回复电子邮件。
- 下午5：15—5：30——回顾一下当天已做完的事项，为第二天列一个待办事项清单。
- 下午5：30—5：40——收拾好你的办公桌。

注意，上面的日常惯例是时间段的一种形式。你可以通过分配时间段来处理重复出现的项目，比如电子邮件、电话和报告。你还可以在其中安排好休息时间、午餐时间，以及完成待办事项清单。

随着时间的推移和惯例的重复，这种模式将在你的意识中根深蒂固，你的大脑将学会预测接下来可能发生什么。

如此一来，你便会发现，自己变得更容易管理注意力了，你将不容易分心，而且在重要的事情发生时，你能够坚持完成任务。

策略 22：驯服你内心的完美主义者

在"保持专注的十大障碍"一章中，我指出干扰会削弱我们集中注意力的能力。我在"策略 16：重置他人的期望"中重申了这一点。其中我们讨论了别人强加给我们的干扰。同事、朋友和家人会干扰我们的工作，分散我们的注意力，让我们脱离流畅的工作状态。

而解决我们强加于自己身上的干扰，也很重要。

告诉我，这是不是听起来很耳熟……

假设你正在写一篇文章、一份报告，或者回复一封电子邮件。在这个过程中，你会不断地停下来研究细节、验证数据，或者重新编辑你写过的东西。每个暂停都是对整体工作流程的破坏，每一个停顿都会打断你，并干扰你的注意力。

上面这些是一个完美主义者经常遇到的问题。除非他们的工作质量达到了一定高度，否则他们无法继续手头的工作。更不幸的是，完美主义让他们无法控制自己的注意力，无法快速完成任务。

我自己也曾经遇到过这个问题，尤其是在写作的时候。我必须把每句话都写得很好，才能继续下一句。通常，我会在一段话的中间停下来，然后回到前一段进行编辑。我很难集中注意力，因为我总是打断我自己。

最终，我学会了驯服自己内心的完美主义者，停止自我强加的干扰。到了今天，我不再停下来对写过的内容进行重复编辑，我有信心，在第一稿完成后再编辑，我会做得更好。因此，我可以更轻松地集中注意力，并且保持的时间更长。

我保证，当你驯服了你内心深处的完美主义者，也会达到同样的效果。如果完美主义经常使你打断自己，请试试下面的方法：

步骤 1

以 10 分钟为单位进行工作,中途不要纠正错误或者进行修改。这样做,可以训练你的大脑,即便你在工作中留下了明显的错误,它也不会打断你。

温馨提示:这在一开始会有些困难,因为你内心的完美主义者会抗议。但请放心,随着你练习的次数越多,这就会变得越容易。

步骤 2

如果你需要查找特定的细节或者数据,只需先写下"×××"来代替。不要停下来搜索你需要的信息,而是继续工作,你可以之后再进行填补。

步骤 3

工作 10 分钟后,回顾检查你的工作,修正错误并添加必要的细节。

你会发现，这种方法比工作时不停地打断自己要有效得多。它简化了工作流程，使你更容易进入状态。因此，你会发现自己得以更好地集中注意力，忽略干扰。

可以肯定的是，你内心深处的完美主义者出发点是好的，它希望你做的工作是高质量的。但问题是，它过于执着了。它让你一遍又一遍地中断工作流程，进而削弱你的动力。

驯服你内心的完美主义者，能够提高你集中注意力的能力。你最终会用更短的时间完成更多、更高质量的工作。

策略 23：减少咖啡因的摄入量

首先，有一则好消息，适量摄入咖啡因肯定有好处。研究表明，这样做可以增加你的精力，增强你的记忆力，改善你的情绪。咖啡因甚至可以提高你大脑的灵敏度。

但问题在于，有很多人摄入了过量的咖啡因，这样的后果可能很严重。这些症状包括持续失眠、坐立不安、压力增加和血压升高。研究还表明，过量摄入咖啡因可能会导致焦虑。

很明显，我们每天摄入的咖啡因量，会影响我们集中注意力的能力。不幸的是，我们中有许多人都错误地认为注意力集中等同于醒着。我们错误地认为,只要我们醒着,就一定是在做正确的事,因此摄入的咖啡因量要远超健康标准。也许你还记得,喝了太多咖啡后紧张不安的那种感觉。你还记得那个时候,集中注意力对你来说有多难吗?

很明显,清醒和专注是不一样的状态。

关键是要保持你每天的咖啡因摄入量适中,健康专家称,合适的量大约是 400 毫克。一杯 20 盎司[①]的星巴克"派克市场"(Pike Place)咖啡含有 415 毫克咖啡因,一杯 20 盎司的美式咖啡(内含四杯浓缩咖啡),含有 300 毫克咖啡因。

如果你的咖啡因摄入量高于 400 毫克,那么你集中注意力的能力就很有可能会受到影响,请考虑削减摄入量。这样做,不仅能帮助你放松,享受更高质量的睡眠,还能帮助你更好地管理你的注意力。

除非你的医生另有建议,否则没有必要完全戒掉咖啡因。适度摄入咖啡因是有益处的,但是,如果你同数百万每天喝

[①] 1 盎司约为 28.35 克。

好几杯咖啡的人一样,那就是时候为了健康做出改变了。

这是我的经验之谈。我过去每天都要摄入将近1000毫克的咖啡因,情况远比咖啡因成瘾严重。

那时,我每晚睡4个小时。我错误地认为自己把事情处理得很好,是因为咖啡因让我保持清醒。更糟糕的是,我错误地推断出,每天只睡一点点是工作效率高的标志。

事实上,我完全是一团糟。我的注意力不集中,甚至连最简单的任务都难以专注。我读了几页书或杂志,却记不得刚刚读了什么。同事和我交谈,就像和一个瘾君子交谈一样。我总是心烦意乱。

罪魁祸首就是过量的咖啡因。一旦我减少了摄入量,我就能重新集中注意力。这是一个漫长且令人沮丧的过程,事实上任何戒断都是如此,然而我很高兴自己为此付出了努力。

相信我,如果你每天摄入过多的咖啡因,你就是在伤害自己。减少你的摄入量,享受由此带来的思维清晰和注意力集中吧!

温馨提示：一开始减少咖啡因的摄入会很困难，尤其是对咖啡因成瘾的人。毕竟，你的大脑已经习惯了每天享受一定量的快乐。但请放心，随着时间的推移，你的大脑会逐渐适应这种低水平的咖啡因摄入。这样做的好处就是，当你不再沉迷于咖啡因的时候，就会变得更容易集中注意力。

第四部分

附加内容：在咖啡厅里工作时，该如何集中注意力

越来越多的人，试图在星巴克这样的咖啡厅里工作、学习。他们把笔记本电脑带到这些地方，持续好几个小时占用一张桌子。

你一定见过这样的人，他们正在竭尽所能地试图提高工作效率。但如果你观察得够仔细，就会发现他们中的大多数人其实都没有集中精力。

他们把手机放在身边，经常中断工作，查阅、发送短信和电子邮件（更糟的是，捣鼓他们手机上的那些应用程序），每当有人走进咖啡厅，他们中的许多人都会抬起头来。你还会注意到，这些"商旅勇士"中的大多数人都认识店里的其他顾客。这些顾客走到他们的桌子前聊天，也在干扰他们的注意力。

如果你也在咖啡厅里试图完成工作过，我相信你肯定会与上面的情况产生共鸣。并且你本能地知道，这些干扰会打断你的注意力，破坏你的动力。

在接下来这一小节中，我将为你提供一系列快速、简单的方法，可以让你在热闹的咖啡厅中工作时，也能保持专注。如果把这些建议付诸实践，你就会发现坚持完成任务这件事变得容易多了。

面向墙

当坐在咖啡厅里时,你很自然会想要背靠着墙坐,因为只有这样你才能看见其他人,但这正是问题所在。面向咖啡厅的主要区域,你便可以看到整个环境的全貌。这是分散人注意力的一个重要因素。进出咖啡厅的人越多,你就越想停下手中的工作抬头看。

更糟的是,这种诱惑会随着时间的流逝而增加。当你的大脑变得疲劳并开始渴望外部刺激时,你想保持专注会变得越来越难。

我的建议是,面向墙壁坐,不要靠近咖啡厅的主要区域。

那里视野可能不会那么好，但这就是关键所在。除了笔记本电脑和墙壁，你的视野中几乎没有其他事物，这样你就不会容易分心了。

这就好比戴上了眼罩。面对墙壁，你屏蔽了来自外部的刺激，那些会分散掉你注意力的刺激。

当然，你并不总能做到这一点，因为座位会受到场所空间布局的限制。如果人群拥挤，你可能会被迫坐到窗边。窗户给了你饱览外面景色的机会，而这会很轻易地吸引你的注意力。又或者，咖啡厅里人太多了，你别无选择，只能坐在位于大厅中央的一张桌子旁，人们在这个区域转来转去，很容易将你的注意力分散掉。

尽量去找一个面向墙壁的桌子。如果有必要，可以先坐在一张不那么理想的桌子旁，随时搜寻靠近墙的空桌，当发现桌子被占了的时候，就重新再找。

别管进进出出的顾客

　　想看看究竟是谁进入了咖啡厅,是一件不可抗拒的事。你认识这个人吗?他多大年纪了?这个人穿了什么?他怎么养活自己?关于他的职业,你能推断出什么?他是常客还是新顾客?

　　我们大多数人都很喜欢观察别人,这是我们内在天性的一部分。我们可以心满意足地在那里坐很长时间,除了观察别人,什么也不做。

　　问题是,这种倾向会严重破坏我们专注于任务的能力。每次朝门口看的时候,我们都会打断自己的思路。每一次干扰,都会打破我们的注意力,迫使我们的大脑花费很多宝贵的时间以回到正轨。

其实解决办法很简单:别管门。

诚然,说着容易做起来难。每当你听到开门声时抬头看,可能是一种根深蒂固的习惯。你有可能都没意识到,自己正在做这件事。另外,改掉这个习惯也需要时间和耐心。

请从小事做起,坚持不抬头地工作5分钟。打开谷歌,输入"计时5分钟(timer 5 minutes)",然后,强迫自己在闹铃响前绝不抬头。

一旦你能在不看门的情况下坚持工作5分钟,就可以把计时器设置成10分钟,然后,设置成15分钟,再设置成20分钟。

你强迫自己无视这扇门的时间长短,其实并没有你做这件事的连贯性来得重要——至少在刚开始的时候是这样。我们的目标,是用一个积极向上的习惯来取代原先的坏习惯,用一个缓慢但有条理的过程来重新训练你的大脑。

我早在多年前就已经开始与这个坏习惯做斗争了。在星巴克写作时，每当有人走进来，我总会立即看向门那边，就好像是一条巴甫洛夫的狗①。因此，我几乎不可能集中精力去完成任务。

如今，当我在咖啡厅工作时，我很少会看向门了，我的大脑被训练得可以忽略它的存在。这样做的好处是，我能够更轻松地长时间集中精力了。

---

① 形容条件反射地做出某种行为。著名的心理学家巴甫洛夫曾经用狗做过这样一个实验，每次给狗送食物以前打开红灯、响起铃声。这样经过一段时间以后，红灯一亮或铃声一响，狗就开始分泌唾液。——译者注

戴上头戴式耳机（或入耳式耳机）

耳机创造了一个人的孤岛。它会告诉别人，你在听音乐、播客、有声读物或是其他类型的媒体，不想被打扰。当别人看到你戴着耳机时，他们会接收到你的暗示，变得不愿打断你。

没了耳机，你便成了一个很好的靶子。人们可能会在你工作的时候接近你。

请记住，我们是社会性动物，我们喜欢与他人交往，尤其是与那些我们认识、喜欢和信任的人。

我们也天生好奇。当我们看到自己不熟悉的事物时，我们会倾向于对其进行调查。当陌生人询问你的工作性质时，不要感到惊讶。当我在星巴克里工作时，我已经记不清有多少次，人们来到我的桌子前询问（或陈述）如下的问题：

- 你是老师或教授吗？
- 你在做什么？
- 我每天都会在这里看到你，你是做什么工作的？
- 你在这个地方待了多久？他们应该向你收房租！
- 你每天要喝多少咖啡？

人们想要互动，如果你想短暂的休息一下，这是好事。但如果你试图工作，这将会严重干扰你的注意力。

头戴式耳机（或入耳式耳机）可以解决这个问题。戴上它，别人就不太可能会来打扰你了。大多数人会放你去工作。只有少数的人看到你戴着耳机，却仍然决定要来打断你。

这是我发现的一个非常有效的应对策略：看向对方的

眼睛,友好地(略带歉意地)微笑,然后说:"对不起。耳机里放着音乐,我听不清你在说什么。"

这给了人们两个选择,他可能会体谅你,放你去工作;或者他会让你暂停音乐,摘掉耳机,把注意力集中到他们的身上。

你会发现,几乎每个人都会选择前者。极少数人可能会选择后者,而这实质上是无视了你的个人需求以及隐私权。就我个人而言,我完全可以拒绝他们。

随着时间的推移,你会发现,打断你的人变得越来越少。你将会重置他们的期望值。

顺便说一句,你实际上并不需要听音乐、播客或有声读物来达到这个效果,只需戴着耳机即可。

循环播放纯音乐

我们在"策略8：播放能辅助你进入流畅状态的音乐"中介绍了音乐的使用。在星巴克、毕兹咖啡（Peet's Coffee）和蒂姆·霍顿斯（Tim Hortons）这样的地方工作，这一策略是值得重新审视的。

对一些人来说，咖啡厅里熙熙攘攘的日常活动，为其提供了达到流畅状态的完美背景：咖啡机的噪声、瓷器和银器的碰撞声，以及顾客们说笑的喧闹声，都有助于他们集中注意力。像"咖啡动力"（Coffitivity）这样的应用程序，其存在的原因就是——复制身处这种咖啡厅的体验。

就我个人而言，我发现音乐更加有效，尤其是古典钢琴曲。当循环播放那些录制好的音乐选段时，效果尤其明显。我可以屏蔽掉环境中的噪声，更轻松地专注于手头的任务。

我之前提到过，我经常一边听肖邦的《E小调前奏曲》（Op.28, No.4）一边写作。此外，我还提及过，你可以在油管上找到以下乐曲的60分钟循环版：

- 贝多芬的《献给爱丽丝》
- 贝多芬的《月光奏鸣曲》
- 肖邦的《夜曲》（Op. 9, No. 2）
- 埃里克·萨蒂的《玄秘曲》（No.1）
- 弗朗茨·李斯特的《钟》

尝试一下吧！下次你在星巴克或者其他咖啡厅工作时，请搜索上面的乐曲。将"60分钟"添加到搜索词的查询框中，以便能找到长达1个小时的循环播放版本。

如果你同我一样,那么你会发现,你的大脑将对那些重复的音乐形成习惯。这样,你便能够很轻松地集中精力,达到一种流畅的状态。

告诉他人，让他们不要打断你

正如我在"戴上头戴式耳机（或入耳式耳机）"一节中所提到的，我们中的大多数人都是喜欢与他人互动的社会性动物。社交能给我们带来快乐。分享一个微笑和几句友善的评论，即使是与一个陌生人互动，都会让我们产生一种独特的满足感。

难怪有那么多人喜欢打断我们的工作。他们没有恶意，反之，这其实是他们被一种友好情谊和共享的意识所激励而产生的一种行为。

许多咖啡厅有着与酒吧、酒馆相同的氛围。那些经常光顾这类咖啡店的人们，通常都抱着友善的态度，倾向于与周围的人打成一片。即使在最开始时他们不是如此，至少在他们抿下第一口咖啡后，就会变成这样。

在这样的情况下，你如何才能在不冒犯他人的前提下，将干扰最小化呢？下面是一个对我很有效的策略。

当有人靠近我的桌子时，我会忍住抬头看他的冲动。最终，他们往往会离开。

如果对方还是提问了，我通常会微笑着给出一个友好但简洁的回答，然后继续我的工作。如果这个人又问了另外一个问题，我还是做简短地回复。大多数人都会理解我的暗示，暂时止住他们的话头。

如果对方还在坚持，我则会微笑着说："我很愿意和你谈天，不过我需要尽快把这件事做完。"

这句话是友好且具有非对抗性的（微笑很有帮助），明确向对方传达了我正在努力集中精力的意图。这同时也暗示了对方，不要再妨碍我工作。

这个策略的回报在后面。当这个人下次再看到我工作时，他可能就不会再来打断我了。这个人会认为，我正在努力把事情做好，因此需要集中精力，不能分心。

这种策略的效果并不总是立竿见影，因为重新设定他人的期望需要时间。但请放心，从长远来看，它一定会带来回报。当人们再看到你的时候，他们会逐渐习惯不来打扰你，给你机会集中精力去完成任务。

关于本书的最后思考

在这本行动指南中，我们已经探讨了很多的内容。其中最重要的一点是，你是可以掌控一切的。你拥有了培养敏锐的专注力、对抗干扰并专注于任务的必要方法。问题仅在于你要敢于去使用它们。

我曾经是你所见过的人中，最不专注的人之一，而如今，我可以专注于眼前的工作，忽略其他干扰事项。

改变的过程并不容易。这些也不是一夜之间发生的，但请相信，如果我能做到，你也一定能做到。

专注水平提高之后，你可以更高质量地完成工作，更少犯错,在更短的时间内完成更多的工作。反过来,这会让你拥有更多的自由时间,去与所爱之人相处,与所爱之事相伴!